高等职业教育计算机类专业"十二五"规划教材

Fireworks CS4
网页图像设计与案例教程

主　编　罗　剑　俞华锋

副主编　王岩鹏　陈逸怀

参　编　王伟民　陈　奋　吴沛红　徐　文

国防工业出版社

·北京·

内容简介

本书由长期从事 Fireworks 软件教学及应用的教师和专业人员编写。全书采用案例教学、任务驱动的编写方法,明确了使用 Fireworks 制作网页图像应知应会的知识点,同时围绕知识点列举项目实例,帮助初学者由浅入深地掌握网页图像的制作方法和技巧。

全书共分 11 章,包括 Fireworks CS4 概述和基本操作,对象操作和颜色应用,绘制矢量路径,使用文本,层和元件,动态滤镜,创建网页动画,切片、热点和行为,导航按钮和弹出菜单,优化、导出和集成、制作综合网页效果图。书中项目实例的素材和完成的效果均有配套电子文档。

本书可作为高等职业院校计算机类专业和各类计算机培训班的教材,也可供学习网页图像设计的读者参考。

图书在版编目(CIP)数据

Fireworks CS4 网页图像设计与案例教程/罗剑,俞华锋主编. —北京:国防工业出版社,2010.8
ISBN 978-7-118-06953-2

Ⅰ.①F… Ⅱ.①罗…②俞… Ⅲ.①主页制作 – 图形软件,Fireworks CS4 – 教材 Ⅳ.①TP393.092

中国版本图书馆 CIP 数据核字(2010)第 141505 号

※

国防工业出版社 出版发行

(北京市海淀区紫竹院南路 23 号 邮政编码 100048)
天利华印刷装订有限公司印刷
新华书店经售

*

开本 787×1092 1/16 印张 12¾ 字数 286 千字
2010 年 8 月第 1 版第 1 次印刷 印数 1—4000 册 定价 23.00 元

(本书如有印装错误,我社负责调换)

国防书店:(010)68428422 发行邮购:(010)68414474
发行传真:(010)68411535 发行业务:(010)68472764

前　言

Fireworks 是一款介于平面图像设计和网页设计之间的网页图形图像处理软件。相比于 Photoshop,尽管它的位图处理功能没有那么强大,但足以应付日常工作的需要。利用可设置的输出和优化图像功能,Fireworks 可以优化大容量位图、减小图像尺寸,从而在保持图像可视性的同时允许网络快速传播。矢量工具的引入使得 Fireworks 拥有非常强大的绘制矢量图形的能力。Fireworks 亦能够制作简单的 GIF 格式的动画,是 Flash 动画的有益补充。从 CS3 版本开始,Fireworks 不再局限于制作单一的网页,与网站建设有关软件结合更趋紧密。通过组合"页面"面板及其他强大的 Fireworks 功能,读者可以快速创建交互 Web 和软件原型。相比早期版本,CS4 版处理综合网页的能力有很大提高。

在酝酿本书之前,编者已经在高职院校完成了"Fireworks 应用与实践"课程的能力本位教学改革,以模块化的方式构建了课程能力标准和鉴定要求。从知识、技能和素质三个方面培养高职学生的综合能力,弱化理论,突出技能训练。全书共分 11 章,内容强调 Fireworks 网页图像设计的特色。与传统教材相比,剔除了有关位图操作的章节,增强了网页设计和矢量路径操作的内容,并根据教学经验对章节的教学次序进行了调整。这样做是为了避免不同课程间教学内容的重复,确保在有限的授课学时内达到事半功倍的效果。针对高职学生的特点,在每章的开头列出应知目标、应会目标和预备知识,帮助学生认清学习目标,明确学习任务。各章内容的安排不强调面面俱到,能够完成一个效果的操作可能有很多种,编者在书中尽量展示最便捷的操作,而不是一一罗列达到同样效果的操作。

各章中对于知识点的叙述,做到了先概述其定义和内容,以任务驱动的方式引入项目案例。这些项目案例分别来自企业项目实践、往届学生的实践作品、历次多媒体设计大赛的参赛作品和其他网上资源。围绕这些项目的介绍和操作,让学生在不知不觉中接受新的知识。

本书是多位编者心血的结晶,由罗剑、俞华锋担任主编,王岩鹏、陈逸怀担任副主编。其中第 1、3、5、6、8 章由罗剑编写,第 2、4、7、9、10、11 章由俞华锋编写。本书项目案例的电子课件由王岩鹏(第 1、3、4、7、8、11 章)、陈逸怀(第 2、5、6、9、10 章)采集制作。陈奋参与了第 5、6 章的编写工作。全书由罗剑统稿,王伟民、吴沛红和徐文也参与了本书部分章节的编写工作。

本书可作为高等职业院校计算机类专业和各类计算机培训班的教材,也可供学习网页图像设计的读者参考。

由于编者水平有限,书中不足之处在所难免,恳请广大读者批评指正。书中项目实例的素材和完成的效果均有配套电子文档,请与吴飞编辑联系:wufei43@126.com。

编　者

目　录

第1章　Fireworks CS4 概述和基本操作

【应知目标】

1. 了解 Fireworks CS4 的作用和系统配置要求。
2. 熟悉 Fireworks CS4 的工作界面。
3. 熟悉 Fireworks CS4 的文件创建过程和改变文件属性。
4. 熟悉 Fireworks CS4 的布局工具。
5. 熟悉 Fireworks CS4 的视图。
6. 熟悉 Fireworks CS4 的工作参数。

【应会目标】

1. 掌握 Fireworks CS4 文件创建和修改文件属性的方法。
2. 掌握 Fireworks CS4 布局工具的使用。
3. 掌握调整 Fireworks CS4 视图的方法。
4. 正确设置 Fireworks CS4 工作参数。

【预备知识】

1. 具备相应的计算机技能，能够比较熟练地操作计算机。
2. 有一定的网络基础知识，了解互联网应用。
3. 对网页设计软件有初步的了解。
4. 能够利用 Photoshop 制作和编辑位图。

1.1　Fireworks CS4 简介

为了适应网络传输的要求，网页图像必须简洁、明快、信息量小。传统平面设计软件专注于图像质量，较少考虑网络传输要求，与网页设计集成度相对较低。Fireworks CS4 是 Adobe 公司最新推出的一款专门用于设计网页图形图像的多功能应用软件，使用 Fireworks CS4 可以创建编辑位图和矢量图像、设计网页效果（如变换图像和弹出菜单）、修剪和优化图形以减小其文件大小，为快速创建网站和用户界面原型提供了有效的设计环境，解决了图像设计人员和网站管理人员面临的共同问题。Fireworks CS4 提供了预建资源的公用库，同时节省了与 Photoshop、Illustrator、Dreamweaver 和 Flash 软件集成的时间。

Fireworks CS4 可以完成的主要工作如下：

（1）绘制和编辑矢量对象和位图对象。在Fireworks CS4工具面板中，用来绘制/编辑

1

矢量的工具与用来绘制/编辑位图的工具位于不同的部分。所选工具决定了创建的对象是矢量还是位图。在绘制对象或文本之后，可以使用各种工具、效果和命令来增强图形或者创建交互式导航按钮，还可以导入和编辑JPEG、GIF、PNG、PSD和其他许多文件格式的图形。

（2）向图形添加交互效果。切片和热点是指定网页图形中交互区域的Web对象。切片将图像切成可导出的部分，可以将变换图像行为、动画和统一资源定位器（URL）链接应用到这些部分上。在网页上，每个切片都出现在一个表格单元格中。使用切片和热点上的拖放变换图像手柄可以为图形快速指定交换图像和变换图像行为。使用Fireworks CS4按钮编辑器和弹出菜单编辑器可以生成用于在网站上导航的特殊交互式图形。

（3）优化和导出图形。使用Fireworks CS4强大的优化功能，可以在所导出图形的文件大小和可接受的视觉品质之间取得平衡。所选择的优化类型取决于用户的需要及要优化的内容。优化图形后，下一步是将它们导出以便在Web上使用。从Fireworks CS4源PNG文件中，可以导出许多种类型的文件，其中包括JPEG、GIF、GIF动画和包含多种文件类型的切片图像的HTML表格。

此外，Fireworks CS4 相比之前的 CS3 版本增加了许多新的功能。

（1）性能和稳定性提高。利用Fireworks CS4从文件打开、保存到元件更新，以及密集的位图和矢量操作等功能，使系统整体性能增强，让用户能够更快速有效地操作。

（2）新用户界面。使用简单易用的通用用户界面设计，方便与其他Creative Suite应用程序（如Photoshop、Illustrator和Flash）进行交互。

（3）基于CSS的布局。在Fireworks CS4功能强大的图形环境中设计完整的网页，然后只需一个步骤，即可导出基于CSS且附有外部样式表的标准网页兼容布局。可以从6个最常见的布局中选择其一开始操作，然后使用自动边缘和边距检测来集成前景和背景图像。将HTML元件拖放到Fireworks CS4布局上，指定标题、链接和表单属性以进行精确的CSS控制。

（4）PDF导出。从Fireworks CS4可以生成高精度、交互式且安全的PDF文件，以增强客户端通信。

（5）Adobe文字引擎。Fireworks CS4具备了Photoshop和Illustrator用户熟悉的"Adobe文字引擎"，可以使用其增强的文字设置功能来进行高级的文字设计。从Illustrator或Photoshop导入或复制/粘贴双字节字符而不会失真。紧凑的文本徽标路径内会显示为浮动文字。

（6）动态样式。使用具有专业设计样式的Fireworks CS4对象、文本或自定义的集合，可以通过修改单个样式源来更新应用的效果、颜色和文本属性。

（7）工作区改进。智能辅助线可以快速准确地定位和测量画布上的辅助线和元素，就地元件编辑可以使用设计的其余部分来精确美化内容中的元件；扩展的9切片缩放工具可以应用于画布上的任何对象，而不仅仅是元件。

总之，Fireworks CS4可以制作多种类型的网页作品，具体如下：

（1）利用丰富的颜色控制、动态滤镜、笔触选项、纹理、渐变和图案等，制作线条简洁明快的LOGO图标和其他网页图形。

（2）使用Fireworks CS4提供的状态、元件等动画工具，快速制作灵巧的网页广告条和动画图标。

（3）使用Fireworks CS4制作的网页按钮和导航条极大地提高了页面的人机交互功能。

（4）在将大尺寸图片上传到网站时，可以使用Fireworks CS4对这些图片进行压缩，通过优化设置保证图片的失真度在可接受的范围以内。

（5）利用提供的切片和热点工具建立网页图像和其他页面间的链接关系，实现页面导航功能。

（6）基于内嵌的JavaScript脚本，Fireworks CS4还能实现网页图像的变换效果、设置弹出式菜单，从而增加页面的生动性，丰富页面的内容。

（7）Fireworks CS4能够创建多个Web页面，并在多个页面之间共享图层。每个页面都可以包含自己的切片、图层、状态、动画、画布设置，因而可以在原型中方便地模拟网站流程。

（8）Fireworks与网站建设利器Dreamweaver和动画软件Flash紧密集成，三者一起为网页设计和制作人员提供了完整的Web解决方案。

1.2　Fireworks CS4 对系统的要求

Fireworks CS4 相比之前的版本对计算机的软硬件配置提出了更高的要求：

（1）1GHz 或更快的处理器。

（2）Microsoft Windows XP SP2， 推荐 SP3 或 Windows Vista Home Premium、Business、Ultimate 或 Enterprise（带有 SP1，通过 32 位 Windows XP 和 Windows Vista 认证）。

（3）512MB 内存（推荐 1GB）。

（4）1GB 可用硬盘空间用于安装；安装过程中需要额外的可用空间（无法安装在基于闪存的设备上）。

（5）1024×768 屏幕（推荐 1280×800），16 位显卡。

（6）DVD-ROM 驱动器。

（7）在线服务需要宽带 Internet 连接。

1.3　工 作 界 面

当第一次启动 Fireworks 而没有打开文件时，Fireworks 开始页出现在工作环境中，如图 1-1 所示。开始页可以快速访问 Fireworks 教程、最近的文件，以及 Fireworks Exchange（可以在其中将一些新能力添加到某些 Fireworks 功能中）。若要禁用开始页，请在开始页打开时单击"不再显示"选项。

在Fireworks中打开文件时，工作区中包括工具面板、属性面板、浮动面板、选项卡式文件窗口、应用程序栏。工具面板位于屏幕的左侧，该面板分成了多个类别并用标签标明，其中包括位图、矢量和Web工具组等。属性面板默认情况下出现在文件的底部，它最初显示文件的属性。然后当在文件中操作时，它将改为显示新近所选工具或当前所选对象的属性。浮动面板最初沿屏幕右侧成组停放，可以帮助监视和修改工作。文件窗

图1-1　开始页

口出现在屏幕的中心，显示正在处理的文件。可以将文件窗口设置为选项卡式窗口，并且可以进行分组和停放。位于顶部的应用程序栏包含工作区切换器、菜单和其他应用程序控件，如图1-2所示。

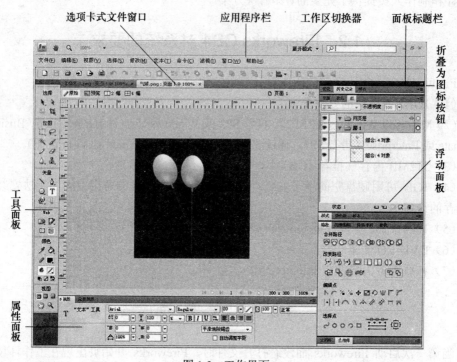

图1-2　工作界面

1.3.1　管理窗口和面板

Adobe Creative Suite 4中不同应用程序的工作区拥有相同的外观，因此可以在应用程序之间轻松切换。也可以通过从多个预设工作区中进行选择或创建自己的工作区来调整应用程序，以定制适合的工作方式。

1．隐藏或显示所有面板

要隐藏或显示所有面板，请按Tab或F4键。

2．管理文件窗口

打开多个文件时，文件窗口将以选项卡方式显示。图1-2中显示有两个打开的文件。

（1）若要重新排列选项卡式文件窗口，请将某个窗口的选项卡拖动到组中的新位置。

（2）若要从窗口组中取消停放文件窗口，请将窗口的选项卡从组中拖出。

（3）在窗口菜单中包含"层叠"和"平铺"命令，也可以用来帮助布置文件。

3．停放和取消停放浮动面板

浮动面板是一组放在一起显示的面板或面板组，通常在垂直方向显示。可通过拖入其中或拖出来停放或取消停放某项面板。

（1）要停放面板，请将其标签拖移到停放中（顶部、底部或两个其他面板之间）。

（2）要停放面板组，请将其标题栏（标签上面的实心空白栏）拖移到停放中。

（3）要删除面板或面板组，请将其标签或标题栏从停放中拖走。可以将其拖移到另一个停放中，或者使其变为自由浮动。

图1-3为正在拖出到新停放中的面板，由蓝色垂直突出显示区域表示。

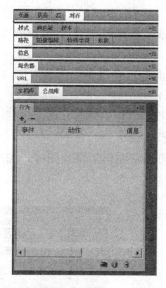

图 1-3 放置行为面板到浮动面板的底部

4．移动面板

在移动面板时，会看到蓝色突出显示的放置区域，可以在该浮动面板区域中移动面板。例如，通过将一个面板拖移到另一个面板上面或下面的窄蓝色放置区域中，可以在停放中向上或向下移动该面板。如果拖移到的区域不是放置区域，该面板将在工作区中自由浮动。

（1）要移动面板，请拖移其标签。

（2）要移动面板组或堆叠的浮动面板，请拖移标题栏。

5．添加和删除面板

如果从浮动面板中删除所有面板，浮动面板将会消失。可以通过将面板移动到工作区右边缘直到出现放置区域来创建浮动面板。

（1）若要删除面板，请右键单击其选项卡，然后选择"关闭"，或从"窗口"菜单中取消选择该面板。

（2）要添加面板，请从"窗口"菜单中选择该面板，然后将其停放在所需的位置。

6. 处理面板组

（1）要将面板移到面板组中，请将面板标签拖动到该组突出显示的放置区域中。

（2）要重新排列组中的面板，请将面板标签拖移到面板组中的一个新位置。

（3）要从面板组中删除面板以使其自由浮动，请将该面板的标签拖移到组外部。

（4）要移动面板组，请拖动其标题栏(选项卡上方的区域)。

7. 堆叠浮动的面板

当将面板拖出浮动面板组但并不将其拖入放置区域时，面板会自由浮动。可以将浮动的面板放在工作区的任何位置。可以将浮动的面板或面板组堆叠在一起，以便在拖动最上面的标题栏时将它们作为一个整体进行移动。

（1）要堆叠浮动的面板，请将面板的标签拖动到另一个面板底部的放置区域中。

（2）要更改堆叠顺序，请向上或向下拖移面板标签。

【提示】请确保在面板之间较窄的放置区域上松开标签，而不是标题栏中较宽的放置区域。

（3）要从堆叠中拖出面板或面板组以使其自由浮动，请点击标签或标题栏将其拖走。

8. 调整面板大小

（1）要将面板、面板组或面板堆叠最小化或最大化，请双击选项卡。也可以单击选项卡区域(选项卡旁边的空白区)。

（2）若要调整面板大小，请拖动面板的任意一条边。某些面板无法通过拖动来调整大小。

9. 处理折叠为图标的面板

为避免工作区出现混乱，可以将面板折叠为图标，如图1-4所示。从图标展开的面板如图1-5所示。

图 1-4　将面板折叠为图标　　　　图 1-5　从图标展开的面板

（1）若要折叠或展开停放中的所有面板图标，请单击停放顶部的双箭头。

（2）若要展开单个面板图标，请单击它。

（3）若要调整面板图标大小以便仅能看到图标（看不到标签），请调整浮动面板的宽度直到文本消失。若要再次显示图标文本，请加大浮动面板的宽度。

（4）若要将展开的面板重新折叠为图标，请单击其选项卡、图标或面板标题栏中的双箭头。

1.3.2　存储并切换工作区

通过将面板的当前大小和位置存储为已命名的工作区，即使移动或关闭了面板，也可以恢复该工作区。已存储的工作区的名称出现在应用程序栏上的工作区切换器中。

1．存储自定工作区

对于要存储配置的工作区，从应用程序栏上的工作区切换器中选择"保存当前"，键入工作区的名称，单击"确定"。

2．显示或切换工作区

从应用程序栏上的工作区切换器中选择一个工作区，如图1-6所示。

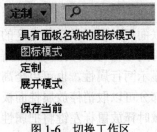

图 1-6　切换工作区

1.3.3　工具面板

工具面板被编排为6个类别：选择、位图、矢量、Web、颜色和视图，如图1-7所示。当选择一种工具时，属性面板将显示工具选项。

图 1-7　工具面板

工具面板中工具右下角的小三角表示它是某个工具组的一部分。为了选择工具组中的其他工具，单击工具图标并按住鼠标左键，拖动指针以高亮显示所需的工具，然后释放鼠标左键，如图1-8所示。

图1-8　从工具组中选择其他工具

1.3.4　属性面板

属性面板是一个上下文关联面板，它显示当前选区的属性。默认情况下，属性面板停放在工作区的底部，如图1-9所示。单击面板左上角的箭头展开或折叠属性检查器，属性面板可以半高方式打开，只显示两行属性，也可以全高方式打开，显示四行属性。将面板选项卡拖到工作区的另一部分可以取消停放属性面板。再次将面板选项卡拖到屏幕底部出现蓝色垂直突出显示区域时释放鼠标左键将把属性面板停放在工作区底部。

图1-9　属性面板

1.3.5　浮动面板

浮动面板能够帮助用户编辑所选对象的各个方面，处理状态、层、元件、颜色样本等。Fireworks CS4主要包含以下浮动面板：

（1）优化面板允许用户管理用于控制文件大小和类型的设置，并使用文件或切片的调色板，如图1-10所示。

（2）层面板组织文件结构，并且包含用于创建、删除和处理层的选项，如图1-11所示。

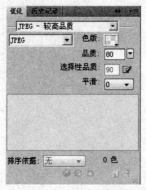

图1-10　优化面板　　　　　　　图1-11　层面板

8

（3）公用库面板显示公用库文件夹的内容，其中包含元件，如图1-12所示。

（4）页面面板显示当前文件中的页面且包含用于操作页面的选项，如图1-13所示。

图1-12　公用库面板　　　　　　　　　图1-13　页面面板

（5）状态面板显示当前文件中的状态且包括用于创建动画的项，如图1-14所示。

（6）历史记录面板列出最近使用过的命令，以便用户能够快速撤消和重做它们，如图1-15所示。向上或向下拖动撤消标记可以撤消和重做动作。为了重复执行先前若干个动作，可以按住Shift键或Ctrl键选择指定的多个动作，单击面板底部的重放按钮来完成。也可以在选择多个动作后单击面板底部的保存按钮并输入命令名称，然后从"命令"菜单中选择命令名称执行，这种情况适用于大批量的重复动作。

图1-14　状态面板　　　　　　　　　图1-15　历史记录面板

（7）自动形状面板包含工具面板中未显示的自动形状，如图1-16所示。

（8）样式面板可用于存储和重复使用对象特性的组合或者选择一个常用样式，如图1-17所示。

（9）文档库面板包含图形元件、按钮元件和动画元件，可以轻松地将这些元件的实例从文档库面板拖到文件中，只需修改该元件即可对全部实例进行全局更改，如图1-18所示。

（10）URL面板可用于创建包含常用URL的库，如图1-19所示。

（11）混色器面板允许创建新的颜色，以添加到当前文件的调色板中或应用于所选对象，如图1-20所示。

（12）样本面板管理当前文件的调色板，如图1-21所示。

图 1-16　自动形状面板

图 1-17　样式面板

图 1-18　文档库面板

图 1-19　URL 面板

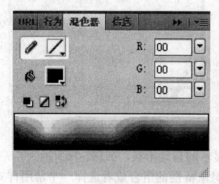

图 1-20　混色器面板

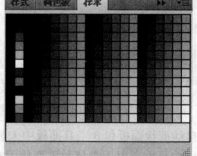

图 1-21　样本面板

（13）信息面板提供有关所选对象的尺寸信息和指针在画布上移动时的精确坐标，如图1-22所示。

（14）行为面板对行为进行管理，这些行为确定热点和切片对鼠标移动所做出的响应，如图1-23所示。

（15）查找面板可用于在一个或多个文件中查找和替换元素，如文本、URL、字体和颜色等，如图1-24所示。

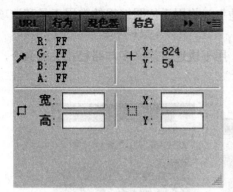

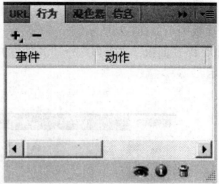

图1-22 信息面板   图1-23 行为面板

（16）对齐面板包含用于在画布上对齐和分布对象的控件，如图1-25所示。

图1-24 查找面板   图1-25 对齐面板

（17）自动形状属性面板允许用户在将自动形状插入文件后，更改该形状的属性，如图1-26所示。

（18）调色板面板（"窗口"→"其他"）可以创建和交换调色板，导出自定义ACT颜色样本，了解各种颜色方案，以及获得选择颜色的常用控件，如图1-27所示。

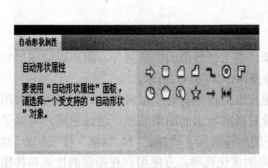

图1-26 自动形状属性面板   图1-27 调色板面板

（19）图像编辑面板（"窗口"→"其他"）将用于位图编辑的常用工具和选项组织到一个面板中，如图1-28所示。

（20）路径面板（"窗口"→"其他"）用于快速访问许多与路径相关的命令，如图1-29所示。

图1-28　图像编辑面板　　　　　　图1-29　路径面板

（21）特殊字符面板（"窗口"→"其他"）显示可在文本块中使用的特殊字符，如图1-30所示。

（22）元件属性面板管理图形元件的可自定义属性，默认状态下和属性面板放置在一个组内，如图1-31所示。

图1-30　特殊字符面板

图1-31　元件属性面板

1.3.6　文件窗口

文件窗口显示编辑的图像对象，是工作界面的主要部分。用户可以通过它完成设置缩放比例、页面预览、动画控制等操作，如图1-32所示。

文件窗口上部的"原始"按钮代表文件当前处于编辑状态，用户可以对图像进行操作。"预览"按钮用于查看优化设置以后导出的图像品质，通过它用户可以了解导出图像的大小、清晰度和在特定网速下的传输时间。"2幅"和"4幅"按钮代表同时查看2幅或4幅导出图像，它们可以设置不同的优化选项，方便用户在图像的性能和传输时间之间进行取舍，以达到最优的性价比。注意在预览状态下不能对图像进行编辑。

12

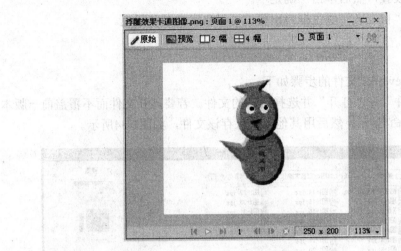

图 1-32　文件窗口

文件窗口下部左边的播放按钮用于控制动画的播放，中间显示图像的尺寸，右边的比例按钮按照预设的比例显示图像。

1.4　文件管理

Fireworks 中的新文件将保存为可移植网络图形（PNG）文件。PNG 是 Fireworks 的固有文件格式。在 Fireworks 中创建的图形可以按照多种 Web 和图形格式导出或保存。无论选择哪种优化和导出设置，原始的 Fireworks PNG 文件都会被保留，以方便日后编辑。

1.4.1　创建新文件

创建新文件的步骤如下：

（1）选择"文件"→"新建"，打开"新建文档"对话框，如图1-33所示。

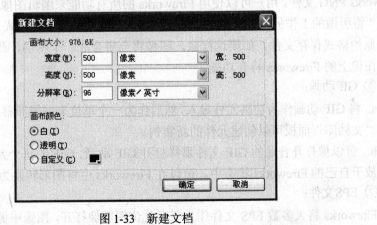

图 1-33　新建文档

13

（2）输入文件设置，然后单击"确定"。

【提示】使用"自定义"颜色框弹出窗口可以自定义画布颜色。

1.4.2 打开文件

打开已有的 Fireworks 文件的步骤如下：

（1）选择"文件"→"打开"并选择所需的文件。若要打开文件而不覆盖前一版本，请选择"打开为'未命名'"，然后用其他名称保存该文件，如图1-34所示。

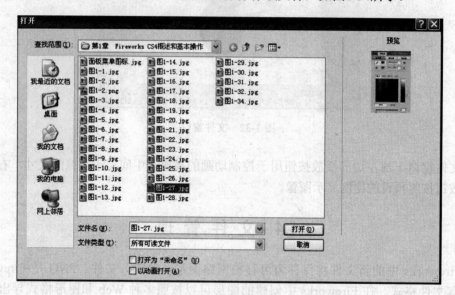

图 1-34 打开文件

（2）单击"打开"按钮。

Fireworks 可以打开在其他应用程序中或以其他文件格式创建的文件，其中包括 Photoshop、FreeHand、Illustrator、WBMP、EPS、JPEG、GIF 和 GIF 动画文件。当使用"文件"→"打开"打开非 PNG 格式的文件时，将基于所打开的文件创建一个新的 Fireworks PNG 文件。用户可以使用 Fireworks 的所有功能来编辑图像，然后可以选择"另存为"将所做的工作另存为新的 Fireworks PNG 文件或其他文件格式。在某些情况下，可以按原始格式保存文件。如果这样做，图像将会拼合成一个图层，此后将无法编辑添加到该图像上的 Fireworks 特有功能。

① GIF动画：

a. 将 GIF 动画作为动画元件导入，然后作为一个单位来编辑和移动动画的所有元素。使用"文档库"面板可以创建元件的新实例。

b. 可以像打开普通的 GIF 文件那样打开 GIF 动画。GIF 的每个元素都作为单独的图像存放于自己的 Fireworks 状态中。可以在 Fireworks 中将图形转换为动画元件。

② EPS文件：

Fireworks 将大多数 EPS 文件作为平面化位图图像打开，图像中的所有对象都合并到一个图层上。有些从 Illustrator 导出的 EPS 文件将保留其矢量信息。

14

③ PSD文件：

Fireworks 可以打开在 Photoshop 中创建的 PSD 文件，还可以保留大部分 PSD 特性，其中包括按层次结构显示的层、层效果和常用的混合模式。

④ WBMP文件：

Fireworks 可以打开 WBMP 文件，这种文件是针对移动计算设备进行过优化的 1 位（单色）文件。此格式用于无线应用协议（WAP）页面。

1.4.3 从 HTML 文件创建 Fireworks PNG 文件

Fireworks 可以打开和导入在包含基本 HTML 表元素的其他应用程序中创建的 HTML 内容。打开 HTML 文件所有表格的步骤如下：

（1）选择"文件"→"重新构建表"。

（2）选择包含要打开的表格的HTML文件，然后单击"打开"。每个表格都将在其自己的文件窗口中打开。

只打开 HTML 文件的第一个表格的步骤如下：

（1）选择"文件"→"打开"。

（2）选择包含要打开的表格的HTML文件，然后单击"打开"。HTML文件中的第一个表格在一个新的文件窗口中打开。

将 HTML 文件的第一个表格导入到某个打开的 Fireworks 文件中的步骤如下：

（1）选择"文件"→"导入"。

（2）选择要从中导入的HTML文件，然后单击"打开"。

（3）在希望出现导入表格的位置单击以放置插入点。

【提示】Fireworks 可以导入使用 UTF-8 编码的文件及用 XHTML 编写的文件。

1.4.4 向 Fireworks 文件中插入对象

将从其他应用程序复制的对象粘贴到Fireworks中时会把该对象放置在活动文件的中心。可以从剪贴板中粘贴 FreeHand 7 或更高版本、Illustrator、PNG、DIB、BMP、ASCII 文本、EPS、WBMP、TXT 或 RTF 的任一格式的文本或对象。

1.4.5 将图像文件导入到 Fireworks 文件层上

在将图像文件导入到活动 Fireworks 文件的当前层上时，Fireworks 将保持导入图像的比例不变，步骤如下：

（1）在层面板中，选择要向其中导入文件的层。

（2）选择"文件"→"导入"以打开"导入"对话框。

（3）定位到要导入的文件，然后单击"打开"。

（4）在画布上，将导入指针定位在要放置图像左上角的地方。

（5）执行下列操作之一：

① 单击以导入完全尺寸的图像。

② 导入时，拖动导入指针以调整图像大小。

导入文件如图 1-35 所示。

15

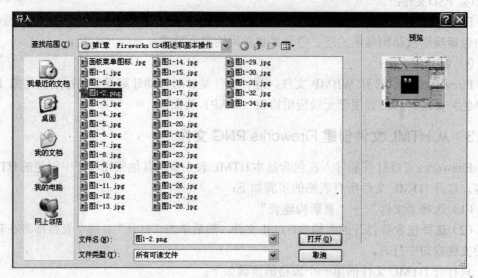

图 1-35 导入文件

1.4.6 保存和导出文件

创建文件或者打开诸如 PSD 或 HTML 格式的文件时,可以使用"文件"→"保存"命令创建 Fireworks PNG 文件,如图 1-36 所示。如果想要生成 Web 页面中常用的 JPEG 或 GIF 格式,则要通过导出文件的方式。Fireworks PNG 文件具有下列优点:

(1)源PNG文件始终是可编辑的。即使在将该文件导出以供在Web上使用后,仍可以返回并进行其他更改。

(2)可以在PNG文件中将复杂图形分割成多个切片,然后将这些切片导出为具有不同文件格式和不同优化设置的多个文件。

可以保存所有打开的文件(即使在继续处理这些文件时也是如此)并为所有未命名的文件指定文件名。对于自上次保存以来已更改的文件,在"文件"选项卡中的文件名中会显示一个星号(*)。选择"命令"→"保存全部"即可保存全部文件。

如果使用"文件"→"打开"打开非 PNG 格式的文件,可以稍后选择"文件"→"另存为"将它另存为新的 Fireworks PNG 文件,也可以选择其他文件格式。对于下列文件类型,可以选择"文件"→"保存"将文件保存为其原始格式:Fireworks PNG、GIF、GIF 动画、JPEG、BMP、WBMP、TIFF、SWF、AI 和 PSD。

导出 Fireworks PNG 文件的步骤如下:

(1)选择"文件"→"导出"。

(2)浏览到要保存文件的位置。

(3)如果Fireworks文件有多个页面,则在"导出"弹出菜单中选择"页面到文件"。

(4)在"导出为"弹出菜单中选择"图像"或"Fireworks PNG"。如果选择"图像",则每个页面以默认文件格式进行保存。可以使用"优化"面板来设置这种文件格式。顶级图层上的所有对象都会在导出时进行保存,但不会导出子层上的内容。有关导出的详细内容请参看10.2节。

图 1-36　保存文件

【提示】保存文件是将创作工作保留下来，以便可以继续编辑。当作品完成后，就需要将它导出以应用于网页。至于导出的文件格式由优化设置决定。

1.5　更改画布

在创作的过程中可以随时调整文件的属性。例如，画布大小和颜色、图像分辨率、图像大小等，以满足逐渐明确的工作要求。

1.5.1　更改画布大小

更改画布的大小可以进行如下操作：

（1）选择"修改"→"画布"→"画布大小"或者在属性面板中显示文件属性，然后单击"画布大小"按钮，如图1-37所示，弹出如图1-38所示对话框。

图 1-37　"画布大小"按钮

图 1-38　调整画布大小对话框

17

（2）在"宽度"和"高度"文本框中输入新的尺寸。

（3）单击"锚定"按钮指定Fireworks以画布的哪一点为中心进行缩放，然后单击"确定"。默认情况下选择中心锚定，这表示对画布大小的更改将在所有边上进行。

1.5.2　更改画布颜色

选择"修改"→"画布"→"画布颜色"，弹出如图1-39所示的"画布颜色"对话框，然后选择一个颜色选项。白色或透明颜色都是常用的画布背景色，也可以自定义画布颜色。对于自定义颜色，请在样本颜色窗口中单击一种颜色。

改变画布颜色也可以在属性面板中显示文件属性，然后单击画布颜色框。如图1-40所示，从样本颜色窗口中选取一种颜色，或者在某种颜色上单击。若要选择透明画布，请单击样本弹出窗口中的"透明"按钮▨。

图 1-39　"画布颜色"对话框

图 1-40　样本颜色窗口

1.5.3　调整图像大小

调整画布上图像大小的步骤如下：

（1）在属性面板中显示文件属性，然后单击属性面板中的"图像大小"按钮；或者选择"修改"→"画布"→"图像大小"，弹出如图1-41所示"图像大小"对话框。

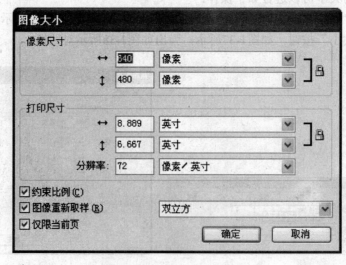

图 1-41　"图像大小"对话框

18

（2）在"像素尺寸"文本框中输入新的水平尺寸和垂直尺寸，可以更改度量单位。如果取消选择"图像重新取样"，则可以更改分辨率或打印尺寸，但不能更改像素尺寸。

（3）在"打印尺寸"文本框中输入打印图像的水平尺寸和垂直尺寸。

（4）在"分辨率"框中为图像输入新的分辨率，更改分辨率会使得像素尺寸发生变化。

（5）若要在文件的水平尺寸和垂直尺寸之间保持相同的比例，请选择"约束比例"。若要单独调整宽度和高度，请取消选择"约束比例"。

（6）若要在调整图像大小时添加或删除像素，使图像在不同大小的情况下具有大致相同的外观，请选择"图像重新取样"。

（7）选择"仅限当前页"可将画布大小更改仅应用于当前页面。

1.5.4　旋转画布

在导入的图像倒置或侧放时，可以将画布顺时针旋转 180°（图 1-42）或 90°，也可以将画布逆时针旋转 90°。旋转画布时，文件中的所有对象都将旋转。选择"修改"→"画布"，并选择一个旋转选项。

图 1-42　原始图和旋转 180°后的图像

1.5.5　修剪画布或调整其大小

通过扩展或修剪画布的大小，可以使其适应其中包含的对象。如图 1-43 所示，左边是原始画布，右边是修剪后的画布。在属性面板中查看文件属性，单击"符合画布"。

图 1-43　修剪画布符合图像大小

1.5.6　裁剪文件

裁剪操作会删除文件中多余的部分。画布将调整大小以适合定义的区域。默认情况下，裁剪时会删除超出画布边界的对象。可以通过在裁剪前更改首选参数来保留画布外的对象。

（1）从"工具"面板中选择"裁剪"工具，或者选择"编辑"→"裁剪文件"。

（2）在画布上拖动边框。调整裁剪手柄，直到边界框包含的区域符合所需大小。

（3）在边框中双击或者按下回车键以裁剪文件。

Fireworks 将画布调整为用户定义的区域大小并删除超出画布边缘的对象。若要保留画布外的对象，请在裁剪之前在"首选参数"对话框的"编辑"选项卡上取消选择"裁剪时删除对象"。图 1-44 为裁剪文件前后比较。

图 1-44　裁剪文件前后比较

1.6　使用布局工具

标尺、辅助线和网格可作为帮助放置和对齐对象的辅助绘制工具。辅助线是从标尺拖到文件画布上的线条。可以使用辅助线来标记文件的重要部分，如边距和文件中心点。网格在画布上显示一个由横线和竖线构成的体系以精确放置对象。辅助线和网格既不驻留在层上，也不随文件导出。

1.6.1　标尺

选择"视图"→"标尺"，垂直标尺和水平标尺出现在文件窗口的边缘。标尺以像素为单位进行度量，如图 1-45 所示。

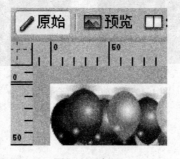

图 1-45　标尺

1.6.2 辅助线

为了创建辅助线，单击并从相应的标尺拖动，在画布上定位辅助线并释放鼠标按钮，可以通过重新拖动来重新定位辅助线，如图 1-46 所示。从水平标尺处的拖动产生水平辅助线，反之从垂直标尺处的拖动产生垂直辅助线。

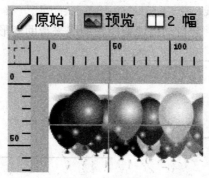

图 1-46　辅助线

在"视图"→"辅助线"菜单下有显示辅助线、锁定辅助线和对齐辅助线命令，分别完成显示或隐藏辅助线、锁定或解锁所有辅助线和使对象与辅助线对齐的功能。

如果要删除辅助线，只需将辅助线从画布拖走。要删除画布上全部的辅助线，可以执行"视图"→"辅助线"→"清除辅助线"命令。为了显示辅助线之间的距离，在指针位于辅助线之间时按 Shift 键。

1.6.3 网格

网格对于精确放置对象很有益处，如图 1-47 所示。要想显示或隐藏网格，选择"视图"→"网格"→"显示网格"。为了使对象与网格对齐，选择"视图"→"网格"→"对齐网格"。

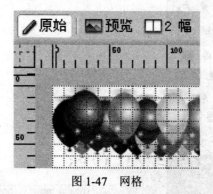

图 1-47　网格

1.6.4 智能辅助线

智能辅助线是临时的对齐辅助线，可以帮助用户相对于其他对象创建对象、对齐对象、编辑对象和使对象变形。若要显示和对齐智能辅助线，请选择"视图"→"智能辅助线"，然后选择"显示智能辅助线"和"对齐智能辅助线"。

21

可以通过下列方式使用智能辅助线：

（1）在创建对象时，使用智能辅助线将其相对于现有的对象放置。与"矩形"和"圆形切片"工具一样，"直线"、"矩形"、"椭圆形"、"多边形"和"自动形状"工具也显示智能辅助线。

（2）在移动对象时，可以使用智能辅助线将其与其他对象对齐，如图1-48所示矩形对齐时自动出现智能辅助线。

（3）当使对象变形时，会自动出现智能辅助线来帮助变形。

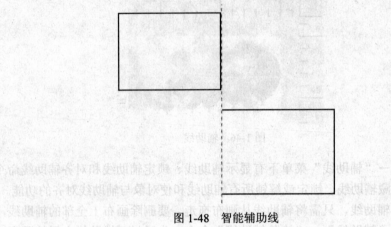

图1-48　智能辅助线

1.7　调整视图

Fireworks中的图像尺寸可以缩小到原尺寸大小的6%，放大到原尺寸大小的6400%。Fireworks中的手形工具、缩放工具和设置缩放比率如图1-49所示。

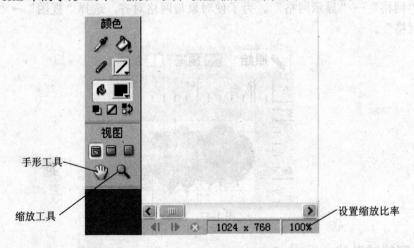

图1-49　手形工具、缩放工具和设置缩放比率

放大文件执行下列操作之一：

（1）选择"缩放"工具并单击，以在文件窗口内指定新的中心点。每次单击都将图像放大到下一个预设的缩放比率。

22

（2）从文件窗口底部的"设置缩放比率"弹出菜单中选择一种缩放设置。

（3）从"视图"菜单中选择"放大"或预设的缩放比率。

缩小文件执行下列操作之一：

（1）选择"缩放"工具，然后在文件窗口内按住 Alt 键并单击。每次单击都将视图缩小为下一个预设的百分比。

（2）从文件窗口底部的"设置缩放比率"弹出菜单中选择一种缩放设置。

（3）从"视图"菜单中选择"缩小"或预设的缩放比率。

放大特定区域可以选择"缩放"工具在需要放大的图像部分的上方拖动。缩小特定区域可以使用"缩放"工具按住 Alt 键并拖动选区。若要恢复为 100%缩放比率可以双击"工具"面板中的"缩放"工具或按 Ctrl+数字 1。

为了在文件窗口中移动图像，选择"手形"工具拖动手形指针，移动到画布边缘外面时，视图将继续移动，这样就可以处理画布边缘的像素。双击"手形"工具或者按 Ctrl+数字 0 可以使文件适合当前视图，即图像最大限度填充整个文件窗口。

Fireworks 提供了三种视图模式来管理工作区，如图 1-50 在工具面板的视图部分，从三个视图模式中选择一个模式来控制工作区的布局。标准屏幕模式是默认的文件窗口视图，如图 1-51 所示；带有菜单的全屏模式最大化的文件窗口视图，其背景为灰色，菜单、工具栏、滚动条和面板处于可见状态，如图 1-52 所示；全屏模式最大化的文件窗口视图，其背景为黑色，菜单、工具栏和标题栏不可见，如图 1-53 所示。

图 1-50　视图

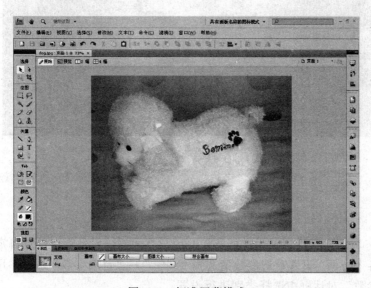

图 1-51　标准屏幕模式

图 1-52　带有菜单的全屏模式

图 1-53　全屏模式

1.8　设置首选参数

Fireworks 首选参数设置使用户能够控制用户界面的一般外观，以及自定义编辑和文件夹使用的各个方面。设置首选参数请选择"编辑"→"首选参数"，在打开的如图 1-54 所示"首选参数"对话框中选择类别进行设置。

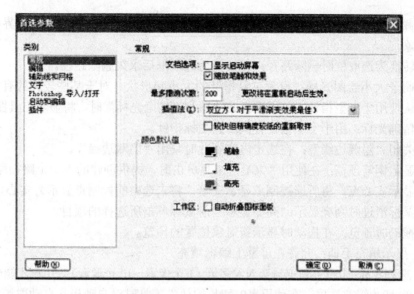

图 1-54　"首选参数"对话框

1.8.1　"常规"参数

"常规"参数包含以下选项：

（1）文档选项：若要在打开应用程序时直接进入工作区，请取消选择"显示启动屏幕"。若要在调整对象大小时维持笔触和效果的尺寸，请取消选择"缩放笔触和效果"。

（2）最大撤消次数：将撤消/重做步骤数设置为 0～1009 之间的数值。此设置应用于"编辑"→"撤消"命令和"历史记录"面板。大数值可能会增加所需的内存量。

（3）插值法：选择缩放图像时 Fireworks 用来插入像素的四种不同缩放方法之一。

① 双立方插值法大多数情况下都可以提供最鲜明、最高的品质，并且是默认的缩放方法。

② 双线性插值法所提供的鲜明效果比柔化插值法强，但没有双立方插值法那么鲜明。

③ 柔和插值法提供了柔化模糊效果并消除了鲜明的细节。当其他方法产生了多余的人工痕迹时，此方法很有用。

④ 最近的临近区域插值法产生锯齿状边缘和没有模糊效果的鲜明对比度。此效果类似于在图像上放大或缩小。

（4）颜色默认值：选择刷子笔触、填充和高亮路径的默认颜色。"笔触"和"填充"选项不会自动更改"工具"面板中的颜色。这些选项可用于更改"工具"面板中的默认颜色。

（5）工作区若要在远离已停放面板的位置单击时自动折叠这些面板，请选择"自动折叠图标面板"。

1.8.2　"编辑"参数

编辑首选参数控制指针的外观和用于位图对象的可视提示，如图 1-55 所示，包括如下选项：

（1）裁剪时删除对象：在裁剪文件或调整画布大小时，永久删除所选定界框以外的像素或对象。

（2）转换为选取框时删除路径：在转换为选取框后永久删除路径。

（3）刷子大小绘图光标：设置工具指针的大小和形状。对于某些较大的有多个笔尖的刷子默认使用十字型指针。取消选择此选项和"精确光标"时，将显示工具图标指针。

（4）精确光标：用十字型指针替换工具图标指针。

（5）关闭"隐藏边缘"：在选定内容更改时禁用"隐藏边缘"。

（6）显示钢笔预览：在使用"钢笔"工具单击时，提供创建的下一个路径段的预览。

（7）显示实心点：将所选控制点显示变暗，将未选中的控制点显示为实心。

（8）鼠标滑过时高亮显示：高亮显示当前鼠标单击所选择的项目。

（9）拖动时预览：在拖动时显示新对象位置的预览。

（10）显示填充手柄：允许在屏幕上编辑填充。

（11）选择距离：指定指针必须离对象多近（1个像素～10个像素），用户才能选择对象。

（12）9 切片缩放选项：在使用"9 切片缩放"工具时对自动形状自动取消组合，避免出现询问用户是否要对此类图形取消组合的对话框。

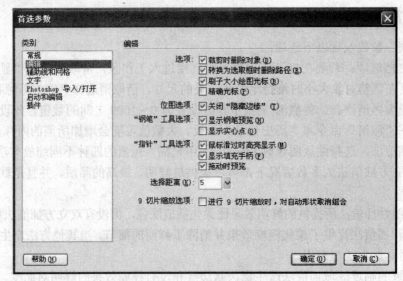

图 1-55 "编辑"参数

1.8.3 "辅助线和网格"参数

辅助线和网格首选参数如图 1-56 所示，包含如下选项：

（1）颜色框在单击时，会显示一个弹出窗口，用户可以从中选择颜色或输入十六进制值。

（2）显示：在画布上显示辅助线或网格。

（3）对齐：使对象与辅助线或网格线对齐。

（4）锁定：锁定先前放置的辅助线的位置，防止用户在编辑对象时无意中移动了它们。

（5）对齐距离：指定所移动的对象必须离网格或辅助线多近（1个像素～10个像素）才能与它对齐。"对齐距离"在选择了"对齐网格"或"对齐辅助线"时才有效。

（6）网格设置：更改网格单元格的大小（以像素为单位）。在水平和垂直间距框中输入值。

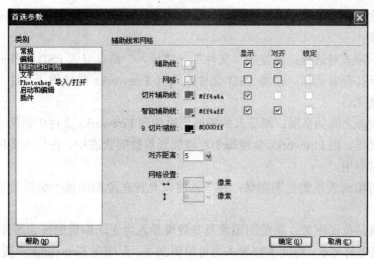

图 1-56 "辅助线和网格"参数

1.8.4 "文字"参数

文字首选参数如图 1-57 所示，包含如下选项：

（1）字顶距、基线调整：更改与文字相关的快捷键的增量值。

（2）以英文显示字体名称：替换字体菜单中的亚洲字符。重新启动 Fireworks 后此更改生效。

（3）字体预览大小：指定菜单中字体示例的字号。

（4）最近使用过的字体数量：确定字体菜单中分隔线上方列出的最近所用字体的最大数量。重新启动 Fireworks 后此更改生效。

（5）默认字体：指定哪种字体替换系统缺少的所有文件字体。

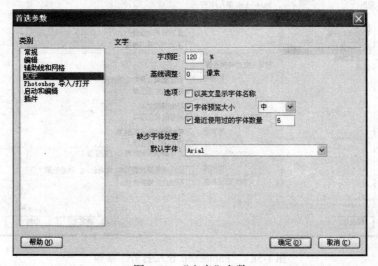

图 1-57 "文字"参数

1.8.5 "Photoshop 导入/打开"参数

这些首选参数确定 Fireworks 在导入或打开 Photoshop 文件时的行为，如图 1-58 所示，包含如下选项：

（1）显示导入对话框：在使用"文件"→"导入"命令导入 PSD 文件时显示选项。

（2）显示打开对话框：在将 PSD 文件拖入到 Fireworks 或使用"文件"→"打开"命令时显示选项。

（3）在状态之间共享层：将导入的每个层添加到 Fireworks 文件中的所有状态。如果取消选择此选项，则 Fireworks 会将每个层添加到单独的状态中。在导入要用作动画的文件时，这非常有用。

（4）含可编辑效果的位图图像：在导入时，允许在位图图像上编辑效果。无法编辑位图图像。

（5）拼合的位图图像：将位图图像及其效果导入为无法编辑的拼合图像。

（6）可编辑的文本：将文本层导入为可编辑文本。无法在 Fireworks 中更改如删除线、上标、下标和自动连字符等文本格式。此外，也无法分离源文本中的连字。

（7）拼合的位图图像：将文本层导入为无法编辑的拼合图像。

（8）可编辑的路径和效果：允许对形状层和相关效果进行编辑。

（9）拼合的位图图像：将形状层导入为无法编辑的拼合图像。

（10）含可编辑效果的拼合位图图像：将形状层导入为拼合图像，但允许编辑与它们关联的效果。

（11）层效果：使用相似的 Fireworks 滤镜替换 Photoshop 动态效果。

（12）剪切路径蒙版：栅格化并删除剪贴蒙版，以保持其外观。如果要在 Fireworks 中编辑这些蒙版，请取消选择此选项。但是，外观将与 Photoshop 中的外观不同。

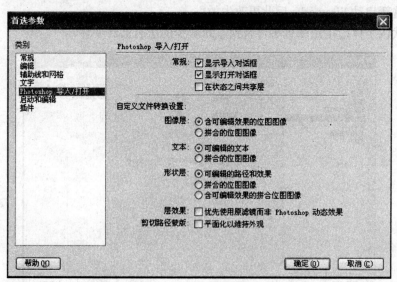

图 1-58 "Photoshop 导入/打开"参数

28

1.8.6 "启动和编辑"参数

启动和编辑首选参数控制外部应用程序如何启动和编辑 Fireworks 中的图形，如图 1-59 所示，包含如下选项：

（1）"从外部应用程序编辑时"确定当使用 Fireworks 从其他应用程序内编辑图像时，原始 Fireworks PNG 文件是否打开。

（2）"从外部应用程序优化"时确定当优化图形时，原始 Fireworks PNG 文件是否打开。

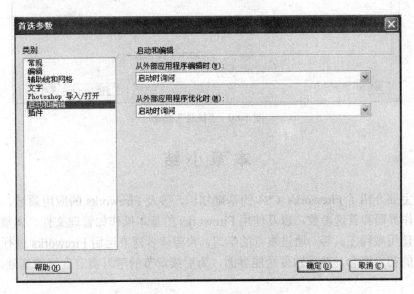

图 1-59 "启动和编辑"参数

下拉框确定如何编辑放置在外部应用程序中的 Fireworks 图像。

① 始终使用源 PNG：自动打开在设计说明中定义为所放置图像的来源的 Fireworks PNG 文件。源 PNG 及其相应的放置图像将同时更新。

② 永不使用源 PNG：无论是否存在源 PNG 文件，均自动打开所放置的 Fireworks 图像。仅更新放置的图像。

③ 启动时询问：可以指定每次都询问是否打开源 PNG 文件。当编辑或优化放置的图像时，Fireworks 会提示做出启动和编辑的决定，也可以在出现该提示时指定全局启动和编辑首选参数。

1.8.7 "插件"参数

如图 1-60 所示，插件首选参数使用户能够访问其他 Photoshop 插件、纹理文件和图案文件。目标文件夹可以在硬盘、CD-ROM、外部硬盘驱动器或网络卷上。Photoshop 插件出现在 Fireworks 的"滤镜"菜单中和属性面板的"添加效果"菜单中。以 PNG、JPEG 和 GIF 文件格式储存的纹理或图案以选项的形式出现在属性面板的"图案"和"纹理"弹出菜单中。

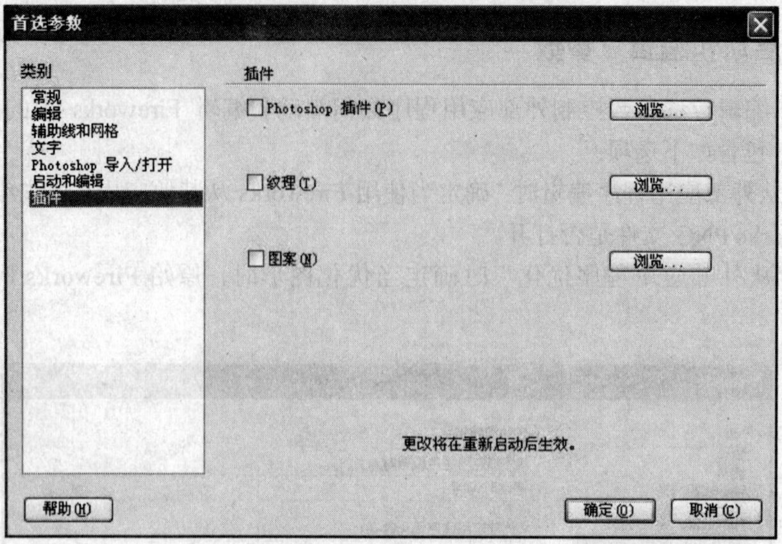

图 1-60 "插件"参数

本 章 小 结

本章主要介绍了 Fireworks CS4 的基础知识，涉及 Fireworks 的应用领域、系统配置要求、工作界面和首选参数，以及使用 Fireworks 的基本操作如管理文件、调整视图、更改画布和使用布局工具等。通过本章的学习，希望读者建立运用 Fireworks 进行网页图形图像制作的初步概念，熟悉软件功能界面，为后续章节的学习奠定良好的基础。

技 能 训 练

1. 单项选择题

（1）在 Fireworks 中新建和打开一个文件，会创建一个什么格式的文件？（　　　）

    A. gif   B. png

    C. psd   D. tif

（2）如何创建水平辅助线？（　　　）

    A. 单击并从上面标尺拖动，在画布上定位辅助线并释放鼠标按钮

    B. 双击左面的标尺，并向右边拉动

    C. 沿着网格拖动产生水平辅助线

    D. 单击并从左面标尺拖动。在画布上定位辅助线并释放鼠标按钮

（3）新建文件时，默认的分辨率是（　　　）。

    A. 150 像素/英寸   B. 270 像素/英寸

    C. 300 像素/英寸   D. 72 像素/英寸

（4）URL 面板的作用是（　　　）。

    A. 调整网页对象的属性   B. 创建热点

    C. 创建包含经常使用的 URL 的库   D. 创建切片

（5）所有 Fireworks 的对象都在哪里进行创建和编辑？（　　　）

A. 原始   B. 预览

C. 2 幅   D. 4 幅

2. 实践训练

（1）上网查找 Fireworks CS4 软件的前期产品有哪些？网页制作三剑客都包含哪些软件？

（2）启动 Fireworks CS4，仔细观察工作界面，由哪些部分组成？

（3）占据工作界面最大部分的是什么，它的作用？

（4）工具面板包含哪几个工具组？仔细观察有些工具右下角的小黑三角有什么作用？

（5）想把属性面板由工作区底部放置到上部，应该如何操作？

（6）属性面板是一个上下文关联面板，这句话的含义是什么？

（7）浮动面板主要包括哪些？打开一个折叠的面板应该如何操作，两个面板如何互相换位？

（8）如何新建一个文件和打开一个文件，它的意义是什么？改变文件属性在哪里实现，主要包括什么？

（9）布局工具包括哪些，它们的作用分别是什么？

（10）如果要对图像某个局部进行精细的调整或绘制，应该怎么操作？

（11）Fireworks 的工作参数在哪里设置？如果不想在每次新建文件时都出现开始页，应该怎样操作？

3. 职岗演练

分别利用 Photoshop 和 Illustrator 制作位图和矢量图，然后导入 Fireworks CS4 中查看图像效果。

第2章 对象操作和颜色应用

【应知目标】

1. 了解选择工具的作用和不同选择工具的应用范围。
2. 了解对象编辑的含义和方法。
3. 了解对象变形的含义和方法。
4. 了解对象组织的作用和方法。
5. 了解笔触和填充的概念及其设置方法。

【应会目标】

1. 掌握选择工具的使用。
2. 掌握对象编辑的方法。
3. 掌握对象变形工具的使用。
4. 掌握对象组织的方法。
5. 掌握笔触和填充的设置。

【预备知识】

1. 熟悉 Fireworks 软件的布局和特点。
2. 熟悉 Fireworks 的工作界面。
3. 掌握文件的创建过程。
4. 掌握文件属性的修改。
5. 掌握布局工具的使用。
6. 熟悉 Fireworks 参数的设置。

在画布上对任何对象(包括矢量对象,路径或点、文本块、单词、字母、切片或热点、实例或者位图对象)进行操作之前,必须先选择该对象。只有选取对象之后才能进行操作,因此选择工具是最基本的工具。

本章介绍对象的选择、编辑、变形、组织、笔触和填充的设置等基本操作。

2.1 选择矢量图形对象

在 Fireworks CS4 中提供了三种矢量图形选择工具,分别是"指针"工具、"选择后方对象"工具和"部分选定"工具,它们位于工具箱的最上方,如图 2-1 所示。

图 2-1 选择工具

2.1.1 "指针"工具

"指针"工具是较为常用的选择工具。将"指针"工具移动到某个对象的路径或边框上，然后单击就可以选择这个对象。

如果要选择一个或多个对象，可以通过拖动的方法来实现。在"指针"工具的状态下，按下鼠标左键拖动，直到划出的范围将一个或多个对象包含在内，再松开鼠标就可以选中这些对象。

项目实例 2-1：使用"指针"工具选择对象。

（1）启动 Fireworks CS4，打开图形文件"2-1"（见所附电子素材库，下同），如图2-2 所示。

（2）在工具箱中选择"指针"工具 ，在企鹅肚子上单击，肚子周围就出现蓝色的小点，表示该对象已被选中，如图 2-3 所示。

图 2-2 打开图形文件

图 2-3 选择对象

（3）如果要选中该图像中的所有对象，在图像的外围按下鼠标左键拖动，直到划出的范围将所有对象包含在内，再松开鼠标，就选中了该图像中的所有对象。

（4）如果要选中该图像中的几个对象，如要选中两只脚和两个翅膀，可以按住 Shift键，再单击两只脚和两个翅膀就可以选中。

2.1.2 "选择后方对象"工具

当处理包含多个对象的图形时，可以使用"选择后方对象"工具选择被其他对象遮挡的后面的对象。

项目实例2-2：使用"选择后方对象"工具选择对象。

（1）启动 Fireworks CS4，打开图形文件"2-2"，如图 2-4 所示。

（2）在工具箱中选择"选择后方对象"工具 ，第一次单击，可以选中照片，再次单击，可以选中照片后方的对象照相框，如图 2-5 所示。

图 2-4　打开图形文件

图 2-5　选择对象

2.1.3 "部分选定"工具

　　矢量图形的路径中包含节点和控制手柄，如果要修改路径，则可以使用"部分选定"工具选中路径中的节点或控制手柄再进行修改。

　　如果多个对象被组合成一个矢量图形，用"指针"工具只能选中整个组合，而不能选中组合中的某个对象。但如果使用"部分选定"工具，则可以选中组合中的某个对象。

　　项目实例 2-3：使用"部分选定"工具选择对象。

　　（1）启动 Fireworks CS4，打开图形文件"2-3"，这是三个圆环组合成的一个对象，如图 2-6 所示。

　　（2）如果用"指针"工具只能选中整个组合即三个圆环这个整体，若要选择最上方的圆环，可以在工具箱中选择"部分选定"工具 ，再单击最上方的圆环即可选中，如图 2-7 所示。

图 2-6　打开图形文件

图 2-7　选择对象

　　（3）若要选择最上方圆环的某个节点或控制手柄，在这个圆环被选中的前提下，单击要选择的节点或控制手柄即可。

2.2　选择位图对象

　　在 Fireworks CS4 中，提供了位图编辑所需要的选择工具，包括"选取框"工具、"椭圆选取框"工具、"套索"工具、"多边形套索"工具和"魔术棒"工具等，它们的功能介绍如下：

（1）"选取框"工具 ：在图像中选择一个矩形区域。

（2）"椭圆选取框"工具 ：在图像中选择一个椭圆形区域。

（3）"套索"工具 ：在图像中选择一个自由形状的区域。

（4）"多边形套索"工具 ：在图像中选择一个直边的自由变形区域。

（5）"魔术棒"工具 ：在图像中选择一个颜色相似的区域。

上面所列的五种位图选择工具可以绘制选区的选取框。绘制了选区选取框后，可以移动选区，向选区添加内容或在该选区上绘制另一个选区；可以编辑选区内的像素，向像素应用滤镜或者擦除像素而不影响选区外的像素；也可以创建一个可编辑、移动、剪切或复制的浮动像素选区。

2.2.1 "选取框"工具和"椭圆选取框"工具

"选取框"工具和"椭圆选取框"工具可以在位图中选择一个矩形区域或椭圆形区域。

项目实例 2-4：使用"选取框"工具和"椭圆选取框"工具选择对象。

（1）启动 Fireworks CS4，打开图形文件"2-4"。

（2）在工具箱中选择"选取框"工具 或"椭圆选取框"工具 。

（3）在"属性"面板中设置"选取框"工具或"椭圆选取框"工具的相应属性，如图 2-8 所示，各参数含义如下：

① "宽"和"高"文本框：用于设置选区的宽度和高度。

② "X"和"Y"文本框：用于设置选区的位置。

③ "样式"选项用于设置选区的样式：

➢ "正常"。默认的选择方式，也最为常用。用于创建一个高度和宽度互不相关的选取框。

➢ "固定比例"。用于创建一个高度和宽度成固定比例的选取框。可以在该选项下方的 文本框中输入相应的宽高比数值，将高度和宽度约束为已定义的比例。

➢ "固定大小"。在这种方式下可以通过输入宽和高的数值来精确定矩形或椭圆选区的大小。

④ "边缘"选项可以设置选区的边缘效果：

➢ "实边"。选区边缘呈锯齿状，没有任何的柔化过渡。

➢ "消除锯齿"。防止选取框中出现锯齿边缘，使选区边缘比较平滑。

➢ "羽化"。通过设置选区边缘的羽化数值，可以消除选取区域的正常硬变边缘，使其柔化，也就是使边界产生一个过渡段，该选项的取值为 0～100，数值越大，柔化程度也越大。

⑤ "动态选取框"：可以对选区的设置进行实时调整。

（4）将鼠标移至文档中，光标变成十字型，在选择区域的开始处按下鼠标左键拖动，直到选择区域建立再松开鼠标左键，如图 2-9 所示。

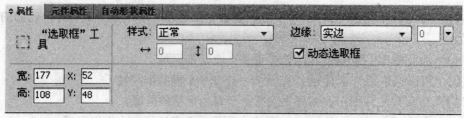

图 2-8　"选取框"工具的属性

图 2-9　矩形和椭圆形选区

（5）若要建立正方形或正圆形选区，可按住 Shift 键并拖动"选取框"或"椭圆选取框"工具。若要以鼠标按下处为中心点建立选区，可在绘制时按住 Alt 键并拖动"选取框"或"椭圆选取框"工具。

2.2.2　"套索"工具

"套索"工具 ◯ 主要是创建一个自由形状的选区，创建选区的操作类似于自由绘图，比较难以把握。

项目实例 2-5：使用"套索"工具选择对象。

（1）启动 Fireworks CS4，打开图形文件"2-5"。

（2）在工具箱中选择"套索"工具 ◯，此时光标变为套索形状。

（3）在"属性"面板中设置"套索"工具 ◯ 的相应属性。

（4）将鼠标移至文档中，拖动鼠标，在要选择的区域边缘进行绘制。当鼠标移至起点附近时，指针右下角会出现一个实心小方块，松开鼠标即可完成操作，如图 2-10 所示。如果在回到起点之前就松开鼠标，则系统会自动在起点和终点之间建立直线连接，完成区域的选择。

2.2.3　"多边形套索"工具

"多边形套索"工具 ◯ 在图像中选择一个直边的自由变形区域，产生选区的边缘比较僵硬，定义的选区不是非常精确。

项目实例 2-6：使用"多边形套索"工具选择对象。

（1）启动 Fireworks CS4，打开图形文件"2-6"。

（2）在工具箱中选择"多边形套索"工具 ◯，此时光标变为多边形套索形状。

（3）在"属性"面板中设置"多边形套索"工具 ◯ 的相应属性。

（4）将鼠标移至文档中，在起始位置单击鼠标左键，这时移动鼠标会拉出一条直线，拖曳鼠标到另一点，然后单击鼠标，继续这样的操作，当鼠标移至起点附近时，指针右下角会出现一个实心小方块，单击鼠标左键即可完成操作，如图 2-11 所示。

（5）按住 Shift 键可将"多边形套索"选取框各边的角度限制为 45°的倍数。

图 2-10　使用"套索"工具　　　　　图 2-11　使用"多边形套索"工具

2.2.4　"魔术棒"工具

使用"魔术棒"工具 可以在图像中选择一个颜色相似的区域。可以使用"魔术棒"工具来选取大面积相近颜色的区域，也可以使用"魔术棒"工具将背景比较单一的图像从背景中分离出来。

项目实例 2-7：使用"魔术棒"工具删除图像的背景。

（1）启动 Fireworks CS4，打开图形文件"2-7"。

（2）在工具箱中选择"魔术棒"工具 。

（3）在"属性"面板中设置"魔术棒"工具 的相应属性。这里的"容差"表示用"魔术棒"工具单击一个像素时所选的颜色的色调范围。如果输入 0 并单击一个像素，则只会选择色调相同的相邻像素。如果输入一个较大的数值，则会选择一个更大的色调范围。

（4）将鼠标移至文档中，在背景上单击鼠标，选中背景图像的大部分区域，按住 Shift 键，继续单击未被选中的背景区域，如图 2-12 所示。

（5）按 Del 键删除背景，最终效果如图 2-13 所示。

图 2-12　选取背景图像　　　　　　图 2-13　删除背景图像

2.3 编 辑 对 象

2.3.1 移动、复制和删除对象

1. 移动对象

移动对象的方法有很多，这里简单介绍常用的方法：

（1）用鼠标拖曳对象：首先选中一个或多个对象，然后将鼠标移动到被选中的对象上并按住鼠标左键，再将其拖曳到指定的地方。如果在拖动的同时按住 Shift 键，那么可以将对象移动到水平、垂直或 45°角方向上。

（2）使用方向键移动对象：首先选中一个或多个对象，然后按键盘上的方向键，对象就会朝着相应的方向移动 1 个像素。如果在按住方向键的同时按住 Shift 键，每按一下方向键，对象会移动 10 个像素。

（3）使用"属性"面板移动对象：选中对象后，在"属性"面板的尺寸选择区域中输入相应的 X 和 Y 值，再按回车键后，即可将对象移动到精确的位置。其中，X 和 Y 是以工作区的左上角为原点的横坐标和纵坐标。这是最精确的定位方法。

2. 复制对象

选择一个或多个对象，选择"编辑"→"复制"命令，再选择"编辑"→"粘贴"命令即可完成对象的复制。

3. 重制对象

选择一个对象或多个对象，选择"编辑"→"重制"命令即可完成对象的重制。

重复使用该命令时，所选对象的副本将以层叠方式与原始对象排列在一起。每个副本将相对之前的副本向下和向右各偏移10个像素。最新的重制对象成为所选对象。

4. 克隆对象

选择一个或多个对象，选择"编辑"→"克隆"命令即可完成对象的克隆。

克隆的副本正好堆叠在原对象的前面并且成为所选对象。若要以逐像素的精确度将所选克隆副本从原对象上移走，请使用箭头键或Shift+箭头键。这对于在克隆副本之间保持特定的距离或者保持克隆副本的垂直或水平对齐是一个很方便的方法。

5. 删除对象

选择一个或多个对象，按Delete键或选择"编辑"→"清除"命令即可完成对象的删除。

2.3.2 对象的变形

对于图像中的任何对象，可以通过工具箱中的变形工具或者使用"修改"→"变形"菜单下的命令对它们进行变形处理，主要包括缩放、倾斜、9 切片缩放、扭曲、旋转、翻转和数值变形等，如图 2-14 所示。

要对对象进行变形的操作，必须先选中该对象，然后选择相应的变形工具或菜单命令。选择变形工具或菜单命令后，对象的周围会出现调节手柄，通过拖动调节手柄和中心点，即可完成对象的变形操作。

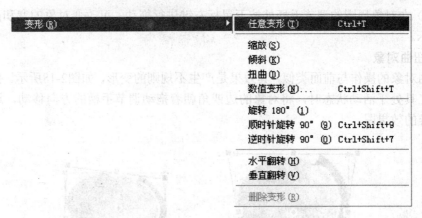

变形 (R)	▶	任意变形 (T)	Ctrl+T
		缩放 (S)	
		倾斜 (K)	
		扭曲 (D)	
		数值变形 (N)...	Ctrl+Shift+T
		旋转 180° (1)	
		顺时针旋转 90° (9)	Ctrl+Shift+9
		逆时针旋转 90° (0)	Ctrl+Shift+7
		水平翻转 (H)	
		垂直翻转 (V)	
		删除变形 (R)	

图 2-14　"变形"菜单项

1．缩放对象

缩放（也称为调整大小）对象将以水平、垂直方向或同时在两个方向上放大或缩小对象。

项目实例 2-8：使用"缩放"工具缩放对象。

（1）启动 Fireworks CS4，打开图形文件"2-8"，选中要缩放的对象，如图 2-15 所示。

（2）在工具箱中选择"缩放"工具 ，或选择"修改"→"变形"→"缩放"命令。

（3）在对象周围的调节手柄处按下鼠标左键进行拖动，可改变对象的宽和高，如图 2-16 所示。

图 2-15　图像文件　　　　图 2-16　缩放对象

① 若要同时水平和垂直缩放对象，请拖动4个角的调节手柄。如果在缩放时按住Shift键，可以约束缩放的比例。

② 若要水平或垂直缩放对象，请拖动每条边中间的调节手柄。

③ 若要从中心缩放对象，请在拖动任何手柄时按住 Alt 键。

2．倾斜对象

倾斜对象可通过将对象沿水平轴、垂直轴或同时沿两个轴倾斜达到变形的效果。具体操作步骤如下：

（1）选中要倾斜的对象。

（2）在工具箱中选择"倾斜"工具 ，或选择"修改"→"变形"→"倾斜"命令。

（3）在对象周围的调节手柄处按下鼠标左键进行拖动，可改变对象的宽和高，如图2-17所示。

3．扭曲对象

扭曲对象的操作与前面类似，其效果是产生不规则的变形，如图2-18所示。扭曲功能可以在工具处于活动状态时，将对象的边或角朝着拖动调节手柄的方向移动，这有助于创建三维的效果图。

图2-17　倾斜对象

图2-18　扭曲对象

4．旋转对象

对对象进行旋转操作时，对象以中心点为圆心进行转动。选择任何变形工具，当鼠标靠近对象时，鼠标指针会变成旋形箭头，这时按下鼠标左键进行拖动即可完成对象的旋转操作，如图2-19所示。如果按住Shift键拖动指针时，可以使旋转相对于水平方向以15°的增量进行调整。

如果要将所选对象旋转90°或180°可以选择"修改"→"变形"菜单中的相应命令：

（1）旋转180°——将对象进行180°的旋转；

（2）旋转90°顺时针——将对象顺时针旋转90°；

（3）旋转90°逆时针——将对象逆时针旋转90°。

5．翻转对象

对象的翻转包括水平翻转和垂直翻转，选择"修改"→"变形"→"水平翻转"或"垂直翻转"命令可实现对对象的水平或垂直翻转，如图2-20所示：

水平翻转——将对象以水平线为转轴，进行水平翻转；

垂直翻转——将对象以垂直线为转轴，进行垂直翻转。

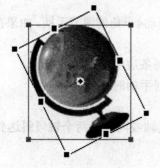
图2-19　旋转对象

图2-20　翻转对象

6. 以数值方式使对象变形

除了通过拖动来缩放对象、调整对象大小或旋转对象之外，还可以通过输入特定值使对象变形。在"属性"面板中输入新的宽度或高度就可以调整对象的大小。

也可以使用"数值变形"命令缩放或旋转所选对象，具体步骤如下：

（1）选中要变形的对象，再选择"修改"→"变形"→"数值变形"命令，弹出"数值变形"对话框，如图2-21所示。

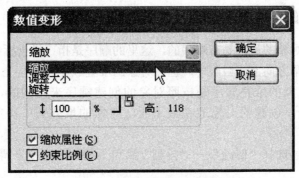

图2-21 "数值变形"对话框

（2）在弹出的对话框中选择要执行的变形类型："缩放"、"调整大小"或"旋转"。

（3）在文本框中输入用来对选区进行变形的数值，从而实现对对象的各种精确的变形。

（4）选择"缩放属性"复选框，该选项使对象的填充、笔触和效果也连同对象本身一起变形。取消选择"缩放属性"复选框，表示只对路径进行变形。

（5）选择"约束比例"复选框，该选项使得在缩放或调整选区大小时保持水平和垂直比例。

（6）然后单击"确定"按钮即可完成对象的变形。

7. 9切片缩放

9切片缩放能够缩放矢量和位图对象而不扭曲其几何形状，并且能保留关键元素（如文本或圆角）的外观。

项目实例2-9：使用"9切片缩放"工具缩放对象。

（1）启动Fireworks CS4，打开图形文件"2-9"，选中要缩放的对象圆角矩形。

（2）在工具箱中选择"9切片缩放"工具 █，此时圆角矩形上出现4条辅助线，将其分成9个部分，如图2-22所示。使用该工具缩放情况如下：1、3、7和9无缩放；2和8水平缩放；4和6垂直缩放；5水平和垂直缩放。

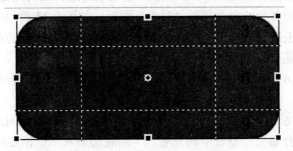

图2-22 4条辅助线和9个部分

（3）适当调整辅助线并将其正确地放在圆角矩形上，确保对象缩放时不希望扭曲的部分（如各个角）在辅助线之外。

（4）在对象周围的调节手柄处按下鼠标左键进行拖动即可。

2.4 组 织 对 象

2.4.1 调整对象的前后顺序

在工作区中，对象的放置是有顺序的，这里的顺序是指三维坐标中的 Z 轴方向上的顺序，即垂直于屏幕方向上前后顺序，也称对象的堆叠顺序。

一般而言，对象的堆叠顺序是按照对象的创建顺序来排列的，将最近创建的对象放在最上面，最早创建的对象放在最下面。对象的堆叠顺序决定了它们重叠时的外观。

当然，可以通过选择"修改"→"排列"菜单下的相应命令来调整当前选定对象的前后顺序：

（1）移到最前——将对象或组移到堆叠顺序的最前面；

（2）上移一层——将对象或组在堆叠顺序中向上移动一个位置；

（3）下移一层——将对象或组在堆叠顺序中向下移动一个位置；

（4）移到最后——将对象或组移到堆叠顺序的最后面。

【提示】在层面板上改变对象的堆叠顺序是简便有效的方法。

2.4.2 对象的对齐

选中多个对象后，使用"修改"→"对齐"下的各个选项可以用不同的方式来对齐对象：

（1）左对齐——将对象与最左侧的所选对象对齐。

（2）垂直居中——将对象的中心点沿垂直轴对齐。

（3）右对齐——将对象与最右侧的所选对象对齐。

（4）顶对齐——将对象与最上方的所选对象对齐。

（5）水平居中——将对象的中心点沿水平轴对齐。

（6）底对齐——将对象与最下方的所选对象对齐。

此外，通过组合面板中的"对齐"面板，也可以对选择的对象进行各种方式的对齐。选择"窗口"→"对齐"的命令打开"对齐"面板，如图 2-23 所示。

其中，如果单击选中"位置"按钮，则对象以画布的 4 条边为对齐的基准，如果未选中则以选中的某个对象为对齐的基准。

"对齐"中的 6 个按钮和"修改"→"对齐"下的各个选项含义相同，在这里不再叙述。

"分配"中的 6 个按钮可以使所选对象按照中心间距或边缘间距相等的方式进行分布，包括"沿顶边分布"、"垂直中间分布"、"沿底边分布"、"沿左侧分布"、"水平中间分布"和"沿右侧分布"。

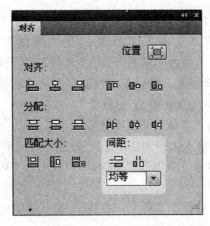

图 2-23 "对齐"面板

"匹配大小"中的 3 个按钮可将形状、尺寸各异的对象大小统一，可以使对象在高度或宽度某一方向上统一尺寸，也可以同时在高度和宽度两个方向上达到尺寸的统一。对象统一的尺寸是以所有对象中尺寸最大的对象的尺寸为基准。

"间距"中的两个按钮可以使对象之间的间距保持相等，包括"水平距离相同"和"垂直距离相同"，可以在 均等 列表框中选择"均等"或输入数值。如果输入数值为 50，表示对象之间的间距为 50 像素。

2.4.3　组合或取消组合对象

有时候为了操作上的方便，可以将几个对象组合成一个对象，然后进行移动、缩放或旋转等操作，这样在对对象进行操作时能够节省不少的工作量。例如，将每个花瓣作为单独的对象绘制好之后，将它们组合起来，将整朵花作为单个对象来选择和移动。当然，在对组合中的某个对象进行操作时也可以取消组合。

首先选中要组合或取消组合的对象，然后选择"修改"→"组合"或"修改"→"取消组合"即可组合或取消组合相应的对象。

【提示】用"指针"工具选择组合对象，"部分选定"工具只可以选中组合中的某个对象。

项目实例 2-10：综合运用选择对象、对齐对象和组合对象的相关知识制作 2009 年12 月的月历，如图 2-24 所示。

图 2-24　效果图

（1）启动 Fireworks CS4，打开图形文件"2-10"。

（2）单击工具箱上的"文本"工具 T，在"属性"面板的"字体"列表框 隶书 中选择字体为"隶书"，在"大小"列表框中 30 输入大小为30，在"颜色"对话框 中选择红色，然后在图片的右上角拖动鼠标创建一个空白文本框，此时在文本框内输入内容为"2009年12月月历"。

（3）在"属性"面板的"字体"列表框 隶书 中选择字体为"隶书"，在"大小"列表框中 20 输入大小为20，在"颜色"对话框 中选择黑色，然后在图片的左上角输入第一行内容为"SUN"、"MON"、"TUE"、"WED"、"THU"、"FRI"和"SAT"，共7个文本框。

（4）单击工具箱上的"指针"工具 ，在按下 Shift 键的同时单击选中第一行的7个对象。

（5）选择"窗口"→"对齐"命令打开"对齐"面板，在"对齐"面板中单击"垂直居中"按钮 和"水平中间分布"按钮 ，使得第一行的7个对象在同一条直线上并且间距相等，如图2-25所示。

（6）单击工具箱上的"直线"工具 ，在"属性"面板的"笔触颜色"对话框 中选择笔触颜色为"白色"，在"笔尖大小"列表框 3 中输入大小为3，然后按住 Shift 键在第一行的7个对象的下方画一条直线，如图2-26所示。

图 2-25　第一行的七个对齐对象

图 2-26　一条直线

（7）单击工具箱上的"文本"工具 T，在"属性"面板的"字体"列表框 隶书 中选择字体为"隶书"，在"大小"列表框中 30 输入大小为20，在"颜色"对话框 中选择黑色，然后输入内容为日期"1"～"5"的5个文本框，并把内容"5"改为红色。在月历表中一般把第一列和最后一列休息日的内容设置为红色。

（8）选择"窗口"→"对齐"命令打开"对齐"面板，按住 Shift 键选中日期"1"～"5"的5个文本框，在"对齐"面板中单击"垂直居中"按钮 和"水平中间分布"按钮 ，效果如图2-27所示。

（9）用同样的方法输入后面每行的内容，可以保证每行文本框水平方向间距和位置对齐，如图2-28所示。

（10）单击工具箱上的"指针"工具 ，在按下 Shift 键的同时单击选中第一列的对象，不包括直线，在"对齐"面板中单击"水平居中"按钮 ，使得第一列的对象在同一条直线上。

44

图 2-27　月历的内容　　　　　　　　图 2-28　月历的所有内容

（11）用同样的方法使得每一列的对象都在同一条直线上。

（12）选中"1"～"5"这一行的内容，然后选择"修改"→"组合"命令将其组合成一个对象，同样地将月历表中后面的几行内容分别组合。

（13）选中组合的对象，在"对齐"面板中单击"垂直中间分布"按钮 🔳，使得每一行的间距相等，最后效果如图 2-24 所示。

2.5　设置笔触和填充

在 Fireworks CS4 中，可以为文件中的文本、位图图形，以及矢量图形设置丰富的笔触和填充样式，可以为创建的图像定义颜色。当颜色添加到对象上后，随时对其颜色进行修改。

笔触和填充是绘制对象时最基本的两个属性，笔触附着在路径上，填充处于路径的内部而无论路径是否封闭。

2.5.1　设置笔触

使用笔触的方法有两种，一是在工具面板中选择工具后，首先设置笔触选项，然后在文档中直接绘制具有笔触的对象。二是先在文档中绘制对象，然后选中该对象后为其设置笔触属性。

在"属性"面板中可以设置笔触的所有属性，如图 2-29 所示，主要包括笔触颜色、笔尖大小、描边种类、边缘柔化，以及纹理等。

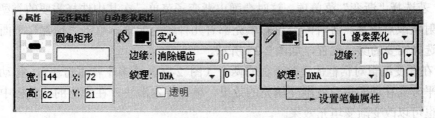

图 2-29　笔触的设置

下面给矩形设置笔触属性，具体操作步骤如下：

（1）单击工具箱上的"矩形"工具 🔲，在文档中绘制一个矩形，如图 2-30 所示。

（2）选中绘制的矩形，单击"属性"面板的"笔触颜色"按钮 ，在弹出的对话框中选择颜色为黑色，如图 2-31 所示。

（3）在"属性"面板的"笔尖大小"列表框  中设置大小 5，可以直接在列表框中输入大小，也可以拖动右边的滑块进行调整。

（4）单击"描边种类"下拉菜单 [1 像素柔化 ▼]，在打开的笔触类型选择菜单中选择需要的笔触类型为"1 像素柔化"。

（5）单击"纹理"下拉菜单 纹理: [木纹 ▼]，选择"木纹"的纹理形状，最终效果如图 2-32 所示。

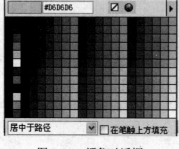

图 2-30　矩形　　　　　图 2-31　颜色对话框　　　　图 2-32　矩形效果图

2.5.2　设置填充

给文件中的对象添加填充效果有两种方法：一是选择图形工具后立即设置其填充属性，然后再在文件中绘制图形对象；二是在文件中选中对象，然后设置对象的填充属性。下面给正圆设置填充属性，具体操作步骤如下：

（1）单击工具箱上的"椭圆"工具 ⬭，按住 Shift 键在文档中绘制一个正圆，如图 2-33 所示。

（2）选中绘制的正圆，单击"属性"面板的"填充类别"

[实心 ▼]下拉菜单，在出现的菜单中选择填充的类别。

填充类别中列出了填充的多种类型，主要分为实心、渐变和图案等，如图 2-34 所示。

① 若选择"实心"，通过其左侧颜色按钮 选择一种填充颜色。

图 2-33　正圆

② 若选择"渐变"菜单项，这时会弹出渐变子菜单，在其中选择需要的类型，如线性、放射状或矩形等。各种渐变色彩填充都有几种颜色配置，单击"预置"下面的下拉菜单，选择需要的颜色配置，如图 2-35 所示。

➢ 在渐变编辑对话框的色阶下面有两个（图 2-36）或多个样本滑块。拖动样本滑块在水平方向移动即可改变渐变填充的效果。单击样本滑块，在弹出的选色板中选择新的颜色也可以改变渐变填充效果。

➢ 如果要增加新的样本滑块，将光标移至色阶下方的空白处，当箭头旁出现一个十号时单击，便会在单击处加一样本滑块。与原有的样本滑块一样，可以在水平方向拖动滑块或改变滑块的颜色，使渐变的颜色和效果更加丰富多彩。

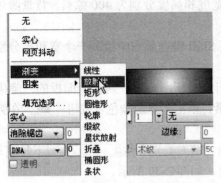

图 2-34　填充类型　　　　　　　　　　图 2-35　不同的颜色配置

③ 若在"填充类别"中选择"图案"菜单项，这时会弹出图案子菜单，在其中选择需要的填充图案即可。

（3）在"属性"面板的"填充的边缘"列表框 边缘：消除锯齿 中设置填充的边缘，主要有三种方式：

① 实边：使用该方式填充的曲线部分会产生锯齿，边缘相对比较粗糙。

② 消除锯齿：使用抗锯齿处理，边缘相对光滑。

③ 羽化：使边缘产生向外逐渐透明的效果，填充会超出路径。

（4）在"属性"面板中单击"纹理"下拉菜单 纹理：威化饼干格 ，选择纹理的类型，选择好纹理的类型之后，可以使用其右侧的调整滑块设置纹理的总量，最终效果如图 2-37 所示。

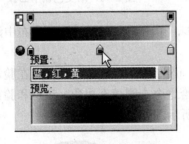
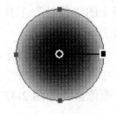

图 2-36　渐变编辑对话框　　　　图 2-37　效果图

项目实例 2-11：制作一个夸张幽默的卡通表情，如图 2-38 所示。

图 2-38　效果图

47

（1）新建一个 Fireworks 文件，设置画布的宽度和高度分别为 400 像素，背景颜色为白色。

（2）选择工具箱中的"椭圆"工具 ⬭，按住 Shift 键在画布中绘制一个宽和高分别为 200 像素的正圆。

（3）单击工具箱上的"指针"工具 ⬉，单击选中正圆，在"属性"面板的"笔尖大小"列表框 ▯▯ 中设置正圆的边框大小为 5 像素，单击"笔触颜色"按钮 ✐ ■，在弹出的对话框中选择颜色值"#D44C0"。

（4）选中绘制的正圆，单击"属性"面板的"填充类别" 实心 ▾ 下拉菜单，在出现的菜单中选择填充的类别为放射状渐变色，如图 2-39 所示。

（5）单击"填充颜色"按钮 ⬥ ■，打开渐变色调节面板，调整渐变颜色，颜色从左至右依次为#F8F800、#F39200、#FFFF33 和#FFFFFF，效果如图 2-40 所示。

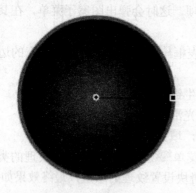

图 2-39　填充放射状渐变色后的正圆

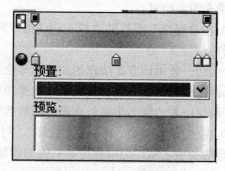

图 2-40　渐变色调节面板

（6）单击工具箱上的"指针"工具 ⬉，单击选中正圆，调整画布中渐变色的方向和范围，效果如图 2-41 所示。

（7）开始绘制卡通表情的眼睛部分，仍旧使用"椭圆"工具 ⬭ 在脸部的上方绘制一个小一些的正圆，尺寸为 60×60 像素，给这个小圆填充黑色，边框和脸部的边框颜色一致，边框的粗细为 2 个像素，如图 2-42 所示。

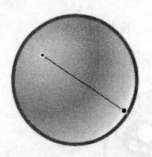

图 2-41　效果图

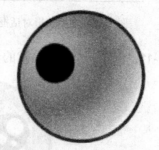

图 2-42　眼睛部分

（8）把这个黑色的正圆复制一个，选择两个正圆下方的一个，把颜色更改为白色，去掉边框颜色。同时在"属性"面板中把白色正圆的填充边缘效果设置为"羽化"，值为"3"。并且适当往右下角移动，这样可以使眼睛看起来更有立体的感觉，效果如图 2-43 所示。

48

（9）再次把这个黑色的正圆复制一个，选择两个正圆下方的一个，把颜色更改为白色，去掉边框颜色。在"属性"面板中设置刚刚得到的白色正圆的填充边缘效果，仍旧为"羽化"，值为"10"。并且适当往左上角移动，这样可以使眼睛的立体效果更加明显，如图 2-44 所示。

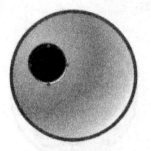 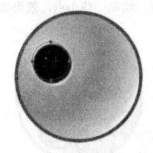

图 2-43　调整眼睛下方的白色正圆　　　图 2-44　调整眼睛上方的白色正圆

（10）在黑色的眼睛上绘制大小不同的三个白色的正圆，表示眼睛的眼白，效果如图 2-45 所示。

（11）重复步骤（7）～（10）绘制右眼部分，效果如图 2-46 所示。

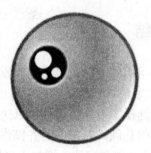 

图 2-45　眼睛的眼白　　　　　　　图 2-46　绘制右眼部分

（12）开始绘制两个手，选择工具箱中的"椭圆"工具 ，绘制一个像素为 60×60 的正圆，给这个正圆填充渐变色，这个渐变色和整个脸部的渐变色是一样的。使用工具箱中的"指针"工具 调整渐变色的方向，起始点在右下角，结束点在左上角，效果如图 2-47 所示。

（13）把得到的手复制一个，调整好位置，两个手就都制作出来了，效果如图 2-48 所示。

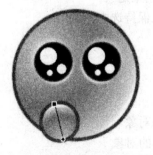 

图 2-47　调整手的渐变色方向和范围　　　图 2-48　手制作完毕效果

（14）开始制作脸上的红晕，选择工具箱中的"椭圆"工具 ，绘制一个椭圆，具体尺寸可以自己感觉一下，不要太大，填充颜色为"#FF0099"，边缘的"羽化"值为"10"，效果如图 2-49 所示。

（15）选择工具箱中的"直线"工具 ，设置笔触的颜色为白色，然后在"椭圆"上依次单击鼠标，绘制一些小点，效果如图 2-50 所示。

图 2-49　制作脸部的红晕

图 2-50　绘制红晕上的麻点

（16）重复步骤（14）～（15）制作红晕的另一部分，至此完成卡通表情的制作，最终效果如图 2-38 所示。

本 章 小 结

本章主要讲述了对象的选择、编辑、变形和组织的方法，以及如何设置对象的笔触和填充，这些操作是 Fireworks 最基本的操作，大家应该熟练地掌握。通过本章的学习，首先需要掌握对象的不同的选择方法，因为只有选择了对象以后才可以进行对象编辑、变形和组织等操作，从而为后面的学习打下良好的基础。对象的对齐操作和如何设置对象的笔触和填充是本章的难点，为了熟练运用，应该加强实践，增加上机操作时间。

技 能 训 练

1. 单项选择题

（1）按住（　　）单击可以增加选中的对象。

　　A. Alt 键　　　　　　　B. Ctrl 键　　　　　　　C. Shift＋Ctrl 键　　　　　　　D. Shift 键

（2）按住 Shift 键的同时单击所选对象的结果是（　　）。

　　A. 取消选择一个对象同时使其他对象保持选中状态

　　B. 取消选择所有对象

　　C. 保持选中的对象

　　D. 选中对象

（3）克隆命令的作用是（　　）。

　　A. 复制出一个完全相同，位置不同的对象

　　B. 复制出一个完全相同，位置也相同的对象

　　C. 将对象放到剪贴板，删除原来的对象

D. 将对象放到剪贴板，保留原来的对象

（4）"选择后方对象"工具的作用是（　　　）。

    A. 选择组内的个别对象

    B. 选择要导出为单独的文件的区域

    C. 如果一个对象被另一个对象遮挡时，选中后面的对象

    D. 选择矢量对象的点

2. 实践训练

利用给定的图形文件"2-12"（图 2-51），练习对象的编辑、变形、组合和对齐的操作。

图 2-51　手机

3. 职岗演练

参考项目实例，自行查找素材制作一个卡通表情。

第 3 章 绘制矢量路径

【应知目标】

1. 了解位图和矢量图的概念及其区别。
2. 熟悉绘制直线、矩形、椭圆、多边形的方法。
3. 熟悉绘制各种扩展图形的方法。
4. 熟悉不规则图形的绘制方法：
（1）熟悉路径概念和三种类型。
（2）熟悉控制路径形状的锚点和方向点。
（3）熟悉路径的绘制和修改。
5. 理解重绘路径和路径切割的含义。
6. 理解路径间运算的概念，包括接合路径、拆分路径、联合路径、路径交集、路径打孔和路径裁切。

【应会目标】

1. 熟练使用"直线"工具、"矩形"工具、"椭圆"工具和"多边形"工具。
2. 熟练使用"扩展矢量"工具。
3. 掌握绘制不规则图形的方法，熟练使用"钢笔"工具绘制和修改路径。
4. 掌握"矢量路径"工具和"重绘路径"工具的使用。
5. 掌握"路径切割"工具的使用。
6. 掌握接合路径、拆分路径、联合路径、路径交集、路径打孔和路径裁切的使用。

【预备知识】

1. 熟悉 Fireworks CS4 软件的基本操作。
2. 掌握操作图形对象的基本方法。
3. 具备一定的绘画基础。

在 Fireworks 里绘制图形主要指矢量图，它由路径和锚点构成。对于基本图形如直线、圆和矩形等可以直接用对应的工具绘制。而在实际应用中常见的不规则图形，将大量地用到"钢笔"工具来绘制。"钢笔"工具的用法和手绘图形有一定的区别，需要重点区分和掌握。为了简化绘制的工作量，常常希望通过基本图形的变化来得到不规则图形，这是引入路径间运算的目的。

3.1 位图和矢量图

计算机能以位图或矢量图格式显示图像，理解两者的区别可以更好地提高工作效率。

3.1.1 位图

位图使用像素来描述图像。计算机屏幕其实就是一张包含大量像素点的网格。在位图中，如图 3-1 看到的图像将会由每个网格中像素点的位置和色彩值来决定。每个点的色彩是固定的，当在更高分辨率下观看图像时，每一个小点看上去就像是一个个马赛克色块，如图 3-2 所示。进行位图编辑时，其实是在一点一点地定义图像中所有像素点的信息。因为一定尺寸的位图图像是在一定分辨率下被一点点记录下来的，所以这些位图图像的品质是与图像生成时采用的分辨率相关的。当图像放大后，会在图像边缘出现锯齿。

 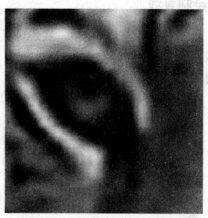

图 3-1　位图原始图像　　　　图 3-2　位图放大后的色块

3.1.2 矢量图

矢量图使用直线和曲线或称为路径来描述图像，同时图形也包含了色彩和位置信息。图 3-3 就是利用大量的点连接成曲线来描述物体的轮廓线，然后根据轮廓线在图像内部填充一定的色彩。当进行矢量图形编辑时，定义的是描述图形形状的直线和曲线的属性，这些属性被记录下来。对矢量图形的操作，如移动、重新定义尺寸、重新定义形状，或者改变矢量图形的色彩，都不会改变矢量图形的显示品质。也可以通过矢量对象的交叠，使得图形的某一部分被隐藏，或者改变对象的透明度。矢量图形是"分辨率独立"的，即当显示或输出图像时，图像的品质不受设备分辨率的影响。图 3-4 是放大后的矢量图形，可以看见图像的品质没有受到影响。

总之，位图和矢量图的区别如下：

（1）位图由像素组成，矢量图由矢量线段组成。

（2）矢量图理论上可以无限放大不会失真，而位图不能。

（3）位图可以表现的色彩较多，而矢量图则相对较少。

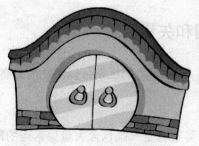
图 3-3 原始矢量图

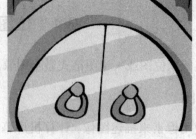
图 3-4 原始矢量图局部放大

3.2 绘制基本图形

基本形状包括直线、矩形、椭圆形、圆角矩形、多边形和星形。

3.2.1 绘制直线

在工具面板的矢量工具组中，我们可以找到"直线"工具 ，利用它可以在图像上绘制直线。

项目实例 3-1：在图像中绘制直线。

（1）启动 Fireworks CS4，新建空白画布。

（2）从工具面板中选择"直线"工具。

（3）在属性面板中设置笔触属性（可选）。

（4）按住鼠标左键在画布上拖动至合适位置后松开鼠标，绘制完成如图 3-5 所示。

图 3-5 绘制直线

【提示】（1）用"直线"工具绘制直线按住鼠标左键是必要的，这里绘制的方法和后面要讲到的"钢笔"工具绘制直线的方法有所不同，"钢笔"工具绘制直线不需要按住鼠标左键。

（2）Fireworks 提供了 Shift、Ctrl 和 Alt 三个热键来协助绘制图形。大家在接下来的学习过程中可以多试试它们的作用。在这里，按住 Shift 键绘制的直线保持水平、垂直或 45° 夹角方向。

3.2.2 绘制矩形和圆角矩形

在工具面板的矢量工具组中，可以找到"矩形"工具 ，利用它可以在图像上绘制矩形和圆角矩形。

项目实例 3-2：在图像中绘制矩形。

（1）启动 Fireworks CS4，新建空白画布。

（2）从工具面板中选择"矩形"工具。

（3）在属性面板中设置笔触属性（可选）。

（4）按住鼠标左键在画布上拖动，绘制出一个矩形轮廓，松开鼠标即可。连续绘制多个矩形，如图 3-6 所示。

（5）若要绘制正方形，按住鼠标左键在画布上拖动的同时按住 Shift 键。

（6）上面绘制的起点是矩形的左上角，若要从矩形的中心点开始绘制，按住鼠标左键在画布上拖动的同时按住 Alt 键。

（7）想一想，如果要从中心点绘制正方形应该如何操作？图 3-6 和图 3-7 的矩形分别应该怎样绘制？

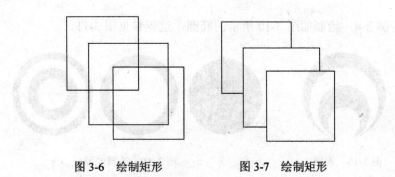

图 3-6 绘制矩形   图 3-7 绘制矩形

项目实例 3-3：在图像中绘制圆角矩形。

（1）参见项目实例 3-2 绘制一个矩形。

（2）确保矩形处于选中状态。在属性面板中，从圆度框右侧的弹出菜单中选择百分比或像素。使用滑块设置百分比，或在框中输入一个 0～100 之间的值。如果选择像素，则最大可以输入矩形最短边长度的 1/2。

（3）矩形转变为圆角矩形，如图 3-8 所示。

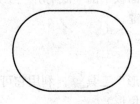

图 3-8 圆角矩形

【提示】（1）在绘制矩形过程中，拖动的同时按向上箭头键或向右箭头键可获得圆角效果。使用向下箭头键或向左箭头键可缩短曲线。

（2）圆角矩形也可以直接用扩展图形中的"圆角矩形"工具 绘制。

（3）在上面的例子里，当分别选择画布中的矩形或者矢量工具组中的"矩形"工具时，对应的属性面板的内容并不完全相同。准确而言，选择画布中的矩形时属性面板中出现的是该矩形对象的属性；选中"矩形"工具时属性面板中的设置对应接下来要绘制的矩形的属性。这条规则可以推广到工具面板中的其他绘图工具。

3.2.3　绘制椭圆

工具面板的矢量工具组包含"矩形"工具、"椭圆"工具和"多边形"工具，如图 3-9 所示。切换到"椭圆"工具 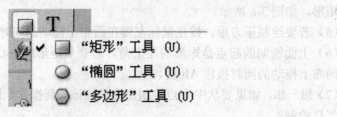，利用它可以在图像上绘制椭圆和圆。

图 3-9　矩形工具组

项目实例 3-4：绘制如图 3-10 所示的椭圆，过程参见图 3-11。

图 3-10　椭圆　　　　　　　　　　　图 3-11　绘制过程

（1）启动 Fireworks CS4，新建空白画布。

（2）从工具面板中选择"椭圆"工具，填充黑色，笔触透明，按住鼠标拖动绘制一个椭圆。

（3）拉出水平辅助线和垂直辅助线确定圆心，将"椭圆"工具填充色改为白色，以圆心为基准按住 Alt 键绘制内部白色椭圆。

（4）重复步骤（2）和步骤（3），得到一组同心圆。

（5）选中全部圆，应用对齐面板中的"底对齐"工具 ，得到图 3-10 所示的图形。

【提示】绘制正圆用到 Shift 键。

3.2.4　绘制多边形和星形

将矩形工具组切换到"多边形"工具 ，利用它可以在图像上绘制多边形，它从中心点开始绘制正多边形（包括三角形）。

项目实例 3-5：绘制图 3-12 所示的六边形。

图 3-12　六边形

（1）启动 Fireworks CS4，新建空白画布。

（2）从工具面板中选择"多边形"工具，填充黑色，笔触透明，属性面板中边设置为 6，按住鼠标拖动绘制一个六边形。

（3）依次画出其余六边形排列整齐。

项目实例 3-6：绘制图 3-13 所示的五角星。

图 3-13　五角星

（1）启动 Fireworks CS4，新建空白画布。

（2）从工具面板中选择"多边形"工具，在属性面板中，设置填充红色笔触透明，从形状弹出菜单中选择星形。在边中输入星形顶点的数目为5。按住鼠标拖动绘制一个五角星。

（3）选中五角星，在属性面板中加入内斜角的动态滤镜，参数如图 3-14 所示。

（4）再次加入投影的动态滤镜，参数如图 3-15 所示。

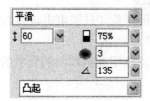

图 3-14　内斜角参数

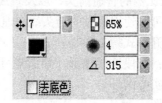

图 3-15　投影参数

【提示】多边形和星形也可以分别用扩展图形中的"智能多边形"工具 ⬠ 和"星形"工具 ✩ 绘制。

3.3　绘制扩展图形

矩形工具组中还提供了一组扩展矢量图形绘制工具，利用它们可以绘制更多的几何图形，如图3-16所示。这组扩展图形具有黄色的菱形控制点，拖动某个控制点将会改变与其关联的可视化属性。大多数控制点都带有工具提示，描述它们会如何影响扩展图形。

3.3.1　扩展图形介绍

L形：直边角形状。

圆角矩形：带有圆角的矩形。

度量工具：以像素或英寸为单位来表示关键设计元素尺寸的普通箭线。

斜切矩形：带有切角的矩形。

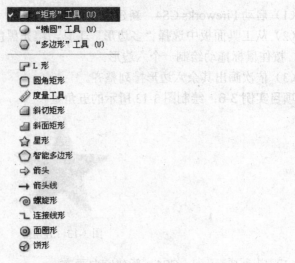

图 3-16   扩展图形

斜面矩形：带有倒角的矩形（边角在矩形内部成圆形）。

星形：具有3个～25个点的星形。

智能多边形：有3条～25条边的正多边形。

箭头:任意比例的普通箭头，以及直线或弯曲线。

箭头线：可以使用细直的箭头线快速得到常用箭头（只需单击该线的任一端即可）。

螺旋形：开口式螺旋形。

连接线形：三段连接线形，如那些用来连接流程图或组织图的元素的线条。

面圈形：实心圆环。

饼形：饼图。

3.3.2   绘制扩展图形的步骤

每一种扩展图形通过拖动黄色菱形控制点可以变化出差别较大的图形，下面以圆角矩形、饼形和星形为例加以说明。

项目实例 3-7：绘制如图 3-17 所示的圆角矩形。

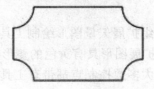

图 3-17   变形的圆角矩形

（1）启动 Fireworks CS4，新建空白画布。

（2）从工具面板中选择"圆角矩形"工具，在画布上放置一个圆角矩形。

（3）找到说明为"单击以切换边角"的菱形控制点，单击它得到最终图形。

（4）若要精确更改图形属性，选择"窗口"→"自动形状属性"命令。可以在如图 3-18 所示的自动形状属性面板中调整圆角矩形的各种属性。

图 3-18　圆角矩形自动形状属性面板

项目实例 3-8：绘制如图 3-19 所示的饼形。

图 3-19　变形的饼形

（1）启动 Fireworks CS4，新建空白画布。

（2）从工具面板中选择"饼形"工具，在画布上放置一个饼形。

（3）找到说明为"按住 Alt/Opt 键并拖动以分段"的菱形控制点，顺时针旋转该控制点得到最终图形。

（4）若要精确更改图形属性，选择"窗口"→"自动形状属性"命令。可以在如图 3-20 所示的自动形状属性面板中调整饼形的各种属性。

图 3-20　饼形自动形状属性面板

项目实例 3-9：绘制如图 3-21 所示的星形。

图 3-21　变形的五角星

（1）启动 Fireworks CS4，新建空白画布。

（2）从工具面板中选择星形工具，在画布上放置一个五角星。

（3）调节说明为"圆度 2"的控制点得到最终图形。

（4）若要精确更改图形属性，选择"窗口"→"自动形状属性"命令。可以在如图 3-22 所示的自动形状属性面板中调整相关属性。

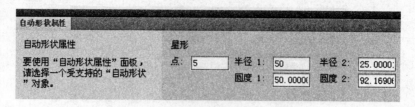

图 3-22 星形自动形状属性面板

【提示】菱形控制点及 Shift、Ctrl 和 Alt 三个热键的组合操作可以得到更多的变形扩展图形。

3.3.3 使用其他扩展图形

形状面板中包含其他比工具面板中的扩展图形更为复杂的扩展图形,如图3-23所示圆柱体、心形、新月形、日历和时钟等。可以通过将这些扩展图形从形状面板拖到画布上来将它们放在绘图中。

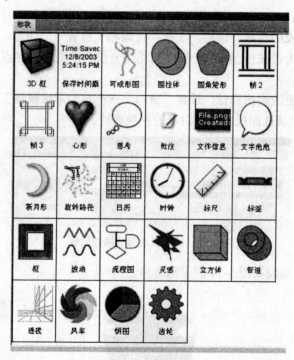

图 3-23 形状面板

(1)选择“窗口”→“自动形状”命令显示形状面板。

(2)将一个扩展图形的预览图形从形状面板拖到画布中。

(3)通过拖动扩展图形的任何一个控制点来编辑该扩展图形(可选)。

3.4 使用钢笔绘制不规则图形

不规则图形在这里指的是由路径构成的矢量图形,路径是直线和曲线的集合。如果把直线看成是曲线的特例，也可以认为路径就是曲线的集合。为了确定一条曲线，除了需要两个端点的位置信息，还需要两个端点间线段弯曲程度的信息，贝塞尔曲线很好地解决了计算机绘制矢量图形时需要明确的上述信息。

3.4.1 贝塞尔曲线和路径

让我们首先看看贝塞尔曲线的构成，如图 3-24 所示。曲线用四个点来控制，在这四个控制点中，两个是端点控制点，称为"锚点"；另外两个与曲线分离的点称为"方向点"。锚点和方向点之间通过方向线相连。两条方向线是曲线的切线，在锚点处与曲线相切。由锚点、方向点和方向线构成的曲线称为贝塞尔曲线。锚点、方向点和方向线在打印时并不出现，它们确定了一条曲线的所有信息。改变曲线就是通过锚点和方向点位置移动、方向线角度和长度变化实现的。方向线和其上的方向点统称为点手柄。

图 3-24　贝塞尔曲线

路径准确而言是由绘图工具创建的贝塞尔曲线的集合，可以将其分为下面的三种类型：

（1）开放路径：路径的起点与终点不重合，如直线。

（2）封闭路径：路径连续且起点与终点重合，如圆、正方形。

（3）复合路径：由多个路径共同组成的路径。

根据通过锚点的曲线段的平滑程度，可以把锚点分为两大类：

（1）曲线点：两端都存在方向线，且两条方向线在一条直线上。这意味着曲线点不会让经过的路径突然改变方向，如图 3-25 中圆的四个锚点。

（2）角点：经过该锚点的路径发生急剧改变，根据方向线的多少可以分为以下三类：

①　曲线角点：该锚点两端都存在方向线，但是它们不在一条直线上，如图 3-26 所示四个锚点中的任意一个。

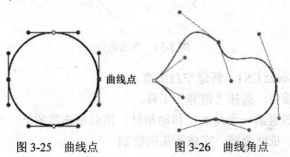

图 3-25　曲线点　　　　　图 3-26　曲线角点

② 直线角点：经过该锚点的路径是两条直线，它们之间有一个夹角。直线角点没有方向线。如图 3-27 所示矩形的四个锚点。

③ 组合角点：经过该锚点的路径一端是直线，另一端是曲线。组合角点有一条方向线，如图 3-28 所示圆角矩形的八个锚点。

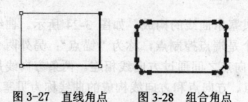

图 3-27　直线角点　　　图 3-28　组合角点

3.4.2　绘制路径

绘制不规则矢量图形可以采用工具面板中的"钢笔"工具，如图 3-29 所示。它既可以绘制直线，也可以绘制曲线。通过和部分"选定"工具 ▶ 的配合，完成对锚点、方向线和方向点的操作。

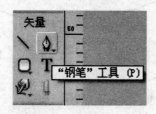

图 3-29　"钢笔"工具

1. 绘制直线路径

"钢笔"工具和前面讲过的"直线"工具绘制直线的方法有所不同，在画布上放置第一个角点以后不需要按住鼠标左键拖动，直接移动指针到第二个角点单击鼠标左键即可。

项目实例 3-10："钢笔"工具绘制如图 3-30 所示的箭头。

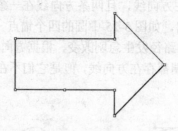

图 3-30　直线路径

（1）启动 Fireworks CS4，新建空白画布。

（2）在工具面板中，选择"钢笔"工具。

（3）单击画布放置第一个角点，移动指针，然后单击放置下一个点，直线段将连接点与点之间的间隙。依此类推，完成箭头的绘制。

【提示】对于上例的闭合路径，最后单击起点使终点和起点重合即可。如果是开放路径，需要鼠标左键双击终点结束绘制。

2. 绘制曲线路径

"钢笔"工具绘制曲线路径，为了确定点手柄的信息，即曲线的弯曲程度，需要在绘制点时单击并按住鼠标左键拖动以拉出方向线，这一点是与手工绘制曲线最大的不同。在绘制时只要明确：需要调节设置点手柄的点（如曲线点）必须在该点处按住鼠标左键拖动，不需要调节设置点手柄的点（如直线角点）不必在该点处按住鼠标左键拖动。

项目实例 3-11："钢笔"工具绘制如图 3-31 所示的正弦波。

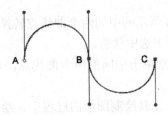

图 3-31　正弦波

（1）启动 Fireworks CS4，新建空白画布。

（2）在工具面板中，选择"钢笔"工具。

（3）鼠标左键单击确定 A 点，按住鼠标左键拖动向上拉出方向线到合适位置。为了保证方向线垂直，请按住 Shift 键。

（4）松开鼠标左键，移动指针到 B 点位置单击以确定 B 点，按住鼠标左键拖动向下拉出方向线到合适位置。

（5）C 点绘制方法类似 B 点，只是要向上拉出方向线。

（6）双击 C 点结束绘制。

3. 曲线点和角点的互相转换

利用"钢笔"工具可以实现角点和曲线点之间的相互转换。

项目实例 3-12：将图 3-32 所示的中间两个角点转换成曲线点。

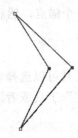

图 3-32　角点转换为曲线点之前

（1）启动Fireworks CS4，新建空白画布，用"钢笔"工具绘制如图3-32的路径。

（2）保证该路径处于选中状态。

（3）选择"钢笔"工具在该路径上单击中间的一个角点（鼠标左键按住不要放），然后将指针从该点拖走。点手柄被扩展，并使临近段变弯，如图3-33所示。

（4）对另一个角点重复步骤（3），图3-34为角点转换成曲线点完成后的图形。

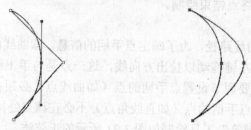

图 3-33　角点转换成曲线点　　　　图 3-34　角点转换成曲线点之后

项目实例 3-13：将图 3-34 所示的中间两个曲线点转换成如图 3-32 所示的角点。

（1）保证图 3-34 的路径处于选中状态。

（2）选择"钢笔"工具分别单击中间的两个曲线点，点手柄被缩短，同时相邻段将伸直。曲线点转换为角点。

【提示】（1）在用"钢笔"工具绘制图形的过程中，绘制直线比绘制曲线简单方便。因此，对于很多需要绘制曲线的图形，可以先绘制近似的直线段，再通过角点转换为曲线点的方法实现现要绘制的图形。

（2）Fireworks CS4 中增加了路径面板，其中有"拉直点"和"平滑点"按钮，可以将选中路径的所有锚点一次性转变为角点或曲线点。

4. 增加和删除锚点

向路径中添加锚点能够调节特定的路径段。保证路径处于选中状态，使用"钢笔"工具移动到路径上，"钢笔"工具的右下角变成"＋"，在路径上不是点的任何位置单击即可增加锚点。

从路径中删除锚点可更改路径形状或简化编辑。保证路径处于选中状态，执行下列操作之一：

（1）使用"钢笔"工具移动到直线角点，"钢笔"工具的右下角变成"－"，单击该点。

（2）使用"钢笔"工具移动到其他锚点，"钢笔"工具的右下角变成"∧"，双击该点。

（3）使用"部分选定"工具选择一个锚点，然后按 Delete 键或 Backspace 键。

3.4.3　编辑路径

使用工具面板中的"部分选定"工具可以选择多个锚点。在使用"部分选定"工具选择锚点之前，使用指针或"部分选定"工具或者通过在层面板中单击它的缩略图来选择路径。

1. 在路径上选择特定锚点

使用"部分选定"工具单击一个锚点即可选中该锚点，如果要同时选中多个锚点，请用 Shift 键。Fireworks CS4 中增加了路径面板，其中有关于选择锚点的多个按钮，也可以实现锚点选择。

2. 更改路径段形状

在锚点被选中的情况下，可以使用"部分选定"工具调节锚点，如移动锚点、改变方向线的长度和方向等，从而到达更改路径形状的目的。如图3-35所示，选定的曲线点显示为一个实心蓝色方形，点手柄从该点扩展。向下拖动左侧点手柄，如图3-36所示，蓝色的路径预览显示当释放鼠标按钮时将绘制新路径的位置。按Alt键并拖动手柄可使锚点一侧方向线独立移动，如图3-37所示。

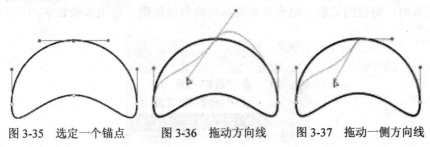

图 3-35　选定一个锚点　　　图 3-36　拖动方向线　　　图 3-37　拖动一侧方向线

3. 特别说明

在绘制矢量路径的过程中，可以临时切换到"部分选定"工具以更改锚点的位置和曲线的形状。方法是：在使用"钢笔"工具拖动锚点或点手柄时，按 Ctrl 键。"指针"工具和"部分选定"工具都可以完成选择路径对象的操作，但它们的含义不尽相同。"指针"工具把矢量路径作为一个整体来看待，"部分选定"工具则认为矢量路径是锚点和点手柄的集合。所以，如果多个矢量路径对象被组合（热键 Ctrl+G）在一起，"指针"工具只能选择整个组合，无法选择组合前的单个对象。"部分选定"工具就可以选择、移动或修改路径上的锚点或者单个路径对象。

3.5　其他路径编辑工具

除"钢笔"工具以外，Fireworks 还提供了其他一些绘制和编辑矢量路径的工具。

3.5.1　"矢量路径"工具

"矢量路径"工具可以绘制自由变形矢量路径，如图 3-38 所示，它位于"钢笔"工具弹出菜单中。

图 3-38　矢量路径工具

与使用毛毡笔、尖记号笔或蜡笔相似，"矢量路径"工具包含各种刷子笔触类别，包括喷枪、毛笔、炭笔、蜡笔和非自然等。每个类别通常具有一种笔触选择，如加亮标记和暗色标记、油漆泼溅、竹子、缎带、五彩纸屑、3D、牙膏和丙烯颜料。尽管笔触看起来像颜料或墨水，但每个笔触都包含矢量对象的锚点和路径。这意味着可以使用几种矢量编辑技术的任何一种来更改笔触形状。更改路径形状后，笔触将被重新绘制。还可使用"矢量路径"工具修改现有刷子笔触，以及向所绘制的所选对象添加填充。如果具备足够的美术功底，可以跳过"钢笔"工具直接用"矢量路径"工具绘制路径对象。

3.5.2 "重绘路径"工具

可以使用"重绘路径"工具重绘或扩展所选路径段，如图3-39所示。在使用"重绘路径"工具时，路径的笔触、填充和效果特性将得以保留。使用步骤如下：

图 3-39 "重绘路径"工具

（1）选中需要重绘的路径，从"钢笔"工具弹出菜单中，选择"重绘路径"工具。

（2）（可选）通过从属性面板的精度框中的弹出菜单中选择一个数字，可以更改"重绘路径"工具的精度级别。数字越大，出现在同样长度路径上的锚点数就越多。

（3）在路径的正上方移动指针。

（4）拖动以重绘或扩展路径段。

（5）释放鼠标按钮。

3.5.3 "刀子"工具

如图3-40所示，使用"刀子"工具可以将一个路径切为多个路径。使用步骤如下：

（1）在工具面板中，选择"刀子"工具。

（2）选中要切割的路径，执行下列操作之一：

① 对于封闭路径，跨越路径拖动指针。

② 对于开放路径，单击路径某点。

（3）取消选择该路径，原路径在被跨越或单击处被切断。

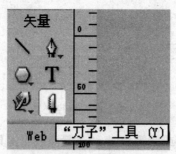

图 3-40 刀子工具

3.5.4 矢量图转换为位图

"修改"→"平面化所选"命令将选中的矢量路径转换为位图对象。"修改"→"将路径转换为选取框"命令将选中的矢量形状转换为位图选区。经过转换后的位图可以用位图工具进行编辑。

3.6 矢量路径间的运算

可以使用"修改"菜单中的路径操作，通过组合或更改现有路径来创建新形状。对于某些路径操作，所选路径对象的堆叠顺序将定义操作的执行方式，得到的新路径具有运算前位于堆叠最下面的对象的笔触和填充属性。"修改"→"组合路径"菜单有六个选项，分别是接合、拆分、联合、交集、打孔和裁切，如图 3-41 所示。

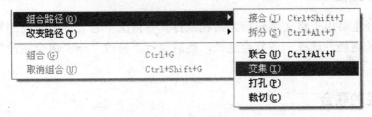

图 3-41　路径间运算的命令

3.6.1　接合路径

接合路径可以将多个路径对象合并成单个路径对象。连接两个开放路径的端点以创建一个连续路径，或者结合多个路径来创建一个复合路径。

项目实例 3-14：将如图 3-42 所示的两段矢量路径通过 A 和 B 端点接合为一条路径。

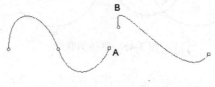

图 3-42　接合前

（1）在工具面板中，选择"部分选定"工具。

（2）选择两个开口路径上的两个端点A和B。

（3）执行"修改"→"组合路径"→"接合"，A 和 B 点间出现连接线段，如图 3-43 所示。

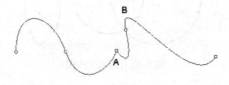

图 3-43　接合后

（4）接合前后层面板中内容发生变化，原先的两条路径变成单一的路径，如图 3-44 所示。

67

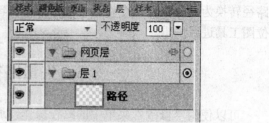

图 3-44　路径接合前后层面板中对象的变化

3.6.2　拆分路径

拆分路径主要用于将文字转换为路径或打孔等情况下包含分散路径的复合路径拆分成多条独立的路径。选择一条复合路径，然后执行"修改"→"组合路径"→"拆分"命令。

3.6.3　路径的联合

联合运算将所选的闭合路径合并为一个封闭整个原始路径区域的路径，仅保留原始路径的外轮廓。选择若干条路径，然后执行"修改"→"组合路径"→"联合"命令。图 3-45 所示为路径联合的效果。

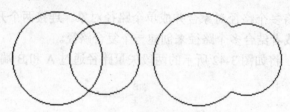

图 3-45　路径的联合

3.6.4　路径的交集

交集运算创建一个包围所有选定闭合路径共有区域的闭合路径。选择若干条路径，然后执行"修改"→"组合路径"→"交集"命令。图 3-46 所示为路径交集的效果。

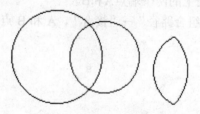

图 3-46　路径的交集

3.6.5　路径打孔

打孔运算删除所选路径对象的某些部分，这些部分是由排列在其前面的另一个所选路径对象的重叠部分定义的。通俗地说，使用选中的处于堆叠顺序最前面的路径轮廓将其后面被选中的所有路径对象穿一个孔。选择若干条路径，然后执行"修改"→"组合路径"→"打孔"命令。图 3-47 所示为路径打孔的效果。

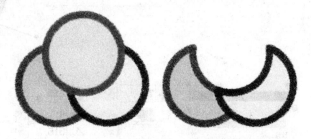

图 3-47　路径的打孔

3.6.6　路径裁切

裁切运算使用另一个路径的形状来裁剪路径，前面或最上面的路径定义裁剪区域的形状，它是打孔命令的相反操作。选择若干条路径，然后执行"修改"→"组合路径"→"裁切"命令。图 3-47 所示为路径裁切的效果。

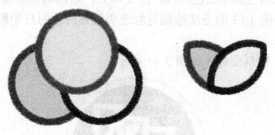

图 3-48　路径的裁切

3.7　项　目　实　战

项目实例 3-15：绘制心形图案，如图 3-49 和图 3-50 所示。

图 3-49　心形图案

（1）启动 Fireworks CS4，新建空白画布，设置画布宽度和高度为 200×200 像素，分辨率为 72 像素/英寸，画布颜色为白色。

（2）以画布中心点为圆心绘制正圆，笔触和填充均设置为无色透明。为确定圆心，拉出垂直和水平辅助线。

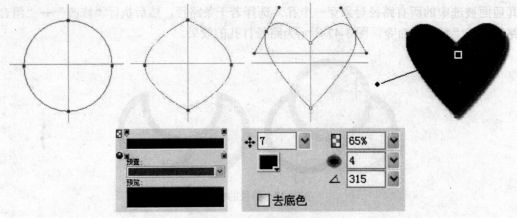

图 3-50　心形图案绘制步骤

（3）考虑到心形沿中心轴方向的上下两个锚点均为角点，将正圆的上下两个曲线点转换为角点。

（4）调节四个锚点至合适的位置，注意左右锚点的方向线长度和角度必须对称。

（5）设置心形从黑色到深红色的线性渐变填充，增加动态滤镜投影。

（6）参照项目实例 3-12 的方法绘制笔触透明填充白色的月牙形。最后效果图见图形文件"3-1"。

项目实例 3-16：绘制图标，如图 3-51 所示。

图 3-51　图标

（1）启动 Fireworks CS4，新建空白画布，设置画布宽度和高度为 110×110 像素，分辨率为 72 像素/英寸，画布颜色为白色。

（2）使用"钢笔"工具绘制盾牌，笔触颜色透明，填充色为深蓝色#1C1A87；克隆（Ctrl+Shift+D）该盾牌标志，改填充色为红色#FE0000，绘制另一面盾牌，如图 3-52 所示。

图 3-52　步骤（2）

（3）克隆步骤（2）绘制的一面盾牌，准备制作图标中间的盾牌标志。克隆外轮廓路径，缩放到正好包围内部两个形状，或直接绘制内轮廓路径。设置该路径笔触为深蓝色。使用钢笔工具沿内部两个形状的交界处绘制近似平行四边形的路径。完成后删除两个形状，如图3-53所示。

（4）将三个盾牌叠放在一起，外部放置两个正圆，内部圆笔触透明填充深蓝色，外圆笔触灰色填充白色，堆叠顺序如图3-54所示。最后效果图见图形文件"3-2"。

 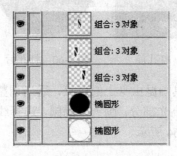

图 3-53 步骤（3）　　　　图 3-54 对象堆叠顺序

项目实例 3-17：绘制甲壳虫，如图 3-55 所示。

图 3-55　甲壳虫

（1）启动 Fireworks CS4，新建空白画布，设置画布宽度和高度为 200×200 像素，分辨率为 72 像素/英寸，画布颜色为白色。

（2）以画布中心点为圆心画一个正圆，宽和高均设为 96，边缘消除锯齿，填充颜色为#870d94，笔触透明。添加动态滤镜"内侧光晕"和"投影"，参数如图 3-56 和图 3-57 所示，效果如图 3-58 所示。

图 3-56　内侧光晕　　　　图 3-57　投影　　　　图 3-58　正圆

（3）克隆正圆填充颜色改为#333333，去掉动态滤镜。用"矩形"工具画一个长度大于此圆的矩形，如图 3-59 所示位置摆放。

（4）按住 Shift 键，选中圆形和矩形，执行"修改"→"组合路径"→"打孔"，效果如图 3-60 所示。

（5）为了突出层次感，在半圆的底部画两条直线，一条白色，一条黑色，再用"直线"工具在背部中间画一条直线（笔触2，柔化线段，透明度50），如图3-61所示。

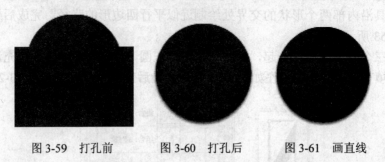

图 3-59　打孔前　　　　图 3-60　打孔后　　　　图 3-61　画直线

（6）用"椭圆"工具画昆虫身上的斑点，适当调整方向和位置，效果如图3-62所示。

（7）下面做头部的高光部分。画一个椭圆，选择线性渐变，调整渐变方向，如图3-63所示，渐变参数如图3-64所示。

图 3-62　画斑点　　图 3-63　头部高光　　　图 3-64　头部高光参数

（8）同样在昆虫的背部画一个椭圆，用部分选定工具调整椭圆，颜色#ff00ff，边缘羽化，羽化度为25。很明显，高光部分把斑点和背部的中线遮盖了，所以在层面板中把中线和斑点移至高光的上面，效果如图3-65所示。

（9）用"钢笔"工具和"椭圆"工具画触角，内部明亮处由填充和笔触均为灰色的路径边缘羽化而成。路径轮廓放大8倍，如图3-66所示。最后效果图见图形文件"3-3"。

图 3-65　背部高光　　　　图 3-66　触角路径轮廓

项目实例3-18：绘制八卦，如图3-67所示。

（1）启动 Fireworks CS4，新建空白画布，设置画布宽度和高度为 100×100 像素，分辨率为 72 像素/英寸，画布颜色为白色。

（2）以画布中心点为圆心绘制正圆，填充黑色笔触透明。克隆该圆用数值变形将其缩小为原来的 97%，填充改为白色，如图 3-68 所示。

图 3-67　八卦

（3）克隆白色圆，删除上锚点，移动左右锚点方向线与水平辅助线重合，将该圆改为下半圆，如图 3-69 所示。为方便区分，将半圆填充改为黑色。

图 3-68　同心两圆

图 3-69　绘制半圆

（4）克隆白色圆缩放到 50%，如图 3-70 放置，与黑色半圆联合，如图 3-71 所示。

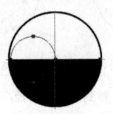

图 3-70　准备联合

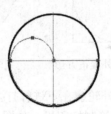

图 3-71　联合后

（5）再次克隆白色圆缩放到 50%，如图 3-72 放置，与步骤（4）得到的路径做打孔运算。堆叠的顺序为圆在上路径在下。打孔后的路径填充黑色，如图 3-73 所示。

（6）将两个小圆放置到指定位置，如图 3-74 所示。

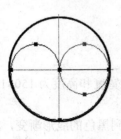

图 3-72　打孔前

图 3-73　打孔后

图 3-74　放置小圆

73

项目实例 3-19：绘制标志，如图 3-75 所示。

图 3-75　标志

（1）启动 Fireworks CS4，新建空白画布，设置画布宽度和高度为 100×100 像素，分辨率为 72 像素/英寸，画布颜色为白色。

（2）以画布中心点为圆心绘制正圆和其外接正方形，笔触黑色填充透明，如图 3-76 所示。

（3）外接正方形旋转 45°，缩放 85%后与圆联合得到外轮廓，如图 3-77 所示。

（4）克隆外轮廓缩放70%得到内轮廓，再将内轮廓的上下左右四个角点拖动到外轮廓的四个角点处与之重合，如图3-78所示。

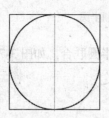　　

图 3-76　圆和外接正方形　　　图 3-77　外轮廓　　　图 3-78　内轮廓

（5）内轮廓在上外轮廓在下进行打孔运算，得到最后的路径，填充黑色。

项目实例 3-20：绘制打印机，如图 3-79 所示。

图 3-79　打印机

（1）启动 Fireworks CS4，新建空白画布，设置画布宽度和高度为 150×150 像素，分辨率为 72 像素/英寸，画布颜色为白色。

（2）用钢笔画出打印机的外壳，加上灰色到白色再到黑色的线形渐变，如图 3-80 所示，渐变参数见图 3-81。

（3）用钢笔画出打印机的侧面，选择白色到黑色的线性渐变，见图 3-82。

74

图 3-80　外壳(1)

图 3-81　渐变参数(1)

图 3-82　侧面

（4）克隆步骤（2）绘制的外壳，调节节点到适当大小，再改变渐变色为灰色到白色再到灰色，如图 3-83 所示，渐变参数见图 3-84。

图 3-83　外壳(2)

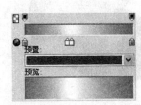

图 3-84　渐变参数(2)

（5）画两个矩形，一个小的用纯黑色，用来做送纸口；大的用灰色渐变，用来做送纸口的托盘，然后再复制一个并加深颜色，向左移动两个像素，如图 3-85 所示。

（6）用与（5）同样的方法，做出打印机出纸口，如图 3-86 所示。

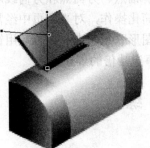

图 3-85　托盘和送纸口

图 3-86　出纸口

（7）画两个矩形，变形使之有些卷曲的感觉；在接近入口和出口的地方加灰色到白色的线性渐变，如图 3-87 所示。

（8）考虑颜色过渡，在图 3-88 所示位置加一条直线，笔触颜色#333333。

（9）用"钢笔"工具绘制路径，并使之处于最底层，如图 3-89 所示。

（10）克隆打印机侧面，填充白色，向右移动两个像素，改变堆叠顺序，形成图 3-90 效果。

（11）绘制两个白色到黑色的放射状渐变的正圆作为按钮，如图 3-91 所示。最后效果图见图形文件"3-4"。

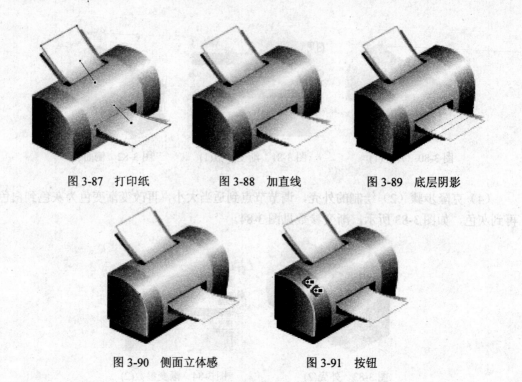

图 3-87　打印纸　　　　　图 3-88　加直线　　　　　图 3-89　底层阴影

图 3-90　侧面立体感　　　　　图 3-91　按钮

本 章 小 结

本章通过大量项目实例详细介绍了 Fireworks 绘制矢量图形的方法和技巧，难点在于灵活使用钢笔和路径间运算工具，并且正确理解锚点、方向点和方向线对路径形状的控制。值得注意的是，在日常绘制的过程中为了简化操作，对于网页中经常使用的一些简单图标，可以将其与相近似的基本图形或扩展图形联系起来，综合运用钢笔、部分选定工具，结合路径间运算来加以制作，从而达到事半功倍的效果。

技 能 训 练

1. 单项选择题

（1）对于矢量图像和位图图像，执行放大操作，则（　　）。

　　A. 对矢量图像和位图图像的质量都没有影响

　　B. 矢量图像无影响，位图图像将出现马赛克

　　C. 矢量图像出现马赛克，位图图像无影响

　　D. 矢量图像和位图图像都将受到影响

（2）在绘制正多边形时，可以通过哪种方式指定正 100 边形的边数?（　　）

　　A. 使用边弹出滑块选择 100 个边

　　B. 在边文本框中输入 100

　　C. 在信息面板上输入 100

　　D. 在边缘文本框中输入 100

（3）在绘制椭圆圆形时，如何以中心点为基准画圆?（　　）

    A. 按住 Alt 键

    B. 按住 Shift 键

    C. 按住 Ctrl 键

    D. 按住 Ctrl＋Shift 键

（4）以下关于路径的描述，错误的是（　　）。

    A. 路径只有一个状态，即闭合状态

    B. 路径是矢量图像的基本元素

    C. 路径的长度、形状、颜色等属性都可以被修改

    D. 路径至少有两个点，起点和终点

（5）如何使用"钢笔"工具绘制曲线路径段?（　　）

    A. 单击放置第一个角点，移动到下一个点单击并拖动以产生一个曲线点

    B. 在画面上依次单击并连接起来

    C. 可以在按住鼠标按钮的同时，按住空格键然后拖动产生曲线

    D. 单击放置第一个角点，移动到下一个点双击以产生一个曲线点

2. 实践训练

绘制如图 3-92 所示的灯泡（灯泡路径如图 3-93 所示，效果图见图形文件"3-5"）。

图 3-92　灯泡　　　　　图 3-93　灯泡路径

3. 职岗演练

参考项目实例，自行制作一幅矢量图形。

第4章 使用文本

【应知目标】

1. 了解文本输入的方法。
2. 熟悉文本属性的设置。
3. 了解将文本附加到路径的含义。
4. 了解将文字转换为路径的含义。

【应会目标】

1. 掌握文本输入的操作。
2. 掌握文本属性的设置。
3. 掌握将文本附加到路径的有关技巧。
4. 掌握直接将文字转换为路径的方法。

【预备知识】

1. 了解工具箱的使用。
2. 掌握属性面板的使用。
3. 掌握基本矢量图形的绘制。
4. 掌握对象选择、编辑和变形的方法。

在 Fireworks CS4 中，可以使用通常只有复杂的桌面排版应用程序才提供的文本属性，其中包括使用不同的字体和字号，以及调整字距、间距、颜色、字顶距和基线等。同时，可以通过灵活应用"笔触"面板、"填充"面板和滤镜绘制出多姿多彩的文字效果。应用附加文本到路径功能可以将文本中的文字与路径对象的形状相搭配，实现许多文字特效。本章将介绍文本的输入和编辑等操作。

4.1 输 入 文 本

在 Fireworks CS4 中，可以使用"文本"工具创建一些文本对象应用于网页图像中，并为创建的文本设置属性，如字体、字号和颜色等。

在文件中输入文本的具体操作步骤如下：

（1）单击工具箱中的"文本"工具 **T**，光标就变成了文本光标。

（2）执行下列操作之一在文件上创建一个空白文本框。

① 在文件合适的位置单击鼠标，创建一个自动调整大小的文本框，如图4-1所示，文

本框右上角显示的空心圆表示自动调整文本框的大小。输入文本时文本框宽度尺寸自动增加，需要换行时按"Enter"键。

② 在文件适当的位置拖动鼠标，当文本框达到合适的宽度后释放鼠标，可以创建一个具有固定宽度的文本框，如图4-2所示，文本框右上角显示的空心正方形表示该文本框的宽度是固定的。输入文本时，当文本达到其宽度后自动换行。

图 4-1　自动调整大小的文本框　　　图 4-2　具有固定宽度的文本框

（3）输入文本后，选中文本（文本高亮显示），然后使用"属性"面板设置其属性，如何设置可以参考文本格式这部分内容。

（4）要退出文本编辑状态，可执行如下操作之一。

① 在文本框外单击鼠标。

② 在工具箱中选择其他工具。

③ 在键盘上按"Esc"键。

（5）退出文本编辑状态后，要再次进入文本编辑状态，可执行如下操作之一。

① 使用文本光标在文本框内单击。

② 使用"指针"工具在文本框内双击。

4.2　设置文本格式

输入文本后，可以在"属性"面板中设置文本属性，如字体、字号和对齐方式等，如图4-3所示。

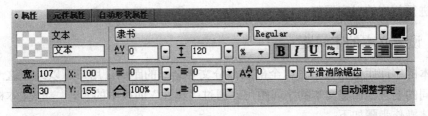

图 4-3　设置文本属性

在设置文本的属性时，需要注意所选择的范围。如果选择了整个文本框，则新属性设置将会应用到文本框的所有内容上；当处于文本编辑状态时，如果选择了文本框的部分内容，则新属性设置将应用到文本框中选定的内容上；但如果处于文本编辑状态时，没有选定任何文本，则所做的新设置将不针对任何已有文本，而针对后续输入的新文本。

4.2.1　设置文本的方向

设置文本方向的操作步骤如下：

（1）在文件中选中文本。

（2）在"属性"面板中单击"设置文本方向"按钮█，弹出"文本方向"菜单，如图 4-4 所示。

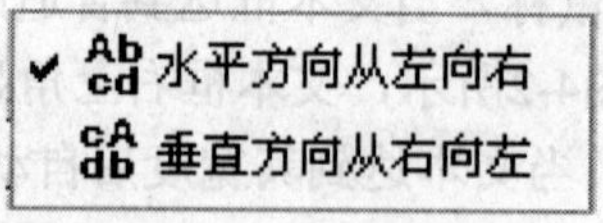

图 4-4 "文本方向"菜单

在"文本方向"菜单中共有两个选项：

① "水平方向从左向右"。文本的排列顺序为从左往右的横向排列；

② "垂直方向从右向右"。文本的排列顺序为从右往左的纵向排列。

（3）根据需要可在两种文本方向中选择其中的一种。若要反转文本方向以获得特殊效果，可以使用"扭曲"等工具变形得到。

4.2.2　设置文本的对齐方式

文本的对齐方式是指文本相对于文本框边缘的位置。水平方向对齐文本时，会相对文本框的左右边缘对齐文本，垂直方向对齐文本时，会相对于文本框的上下边缘对齐文本。通过"属性"面板中对齐按钮█████的相应设置，可以调整文本的对齐方式，操作步骤如下：

（1）选中要调整文本对齐方式的文本框。

（2）在"属性"面板中单击相应的对齐按钮，可以定义文本的不同对齐方式。在横排方式下，对齐方式为左对齐、居中对齐、右对齐和齐行对齐。在纵向排列方式下，对齐方式为顶部对齐、居中对齐、底部对齐和齐行对齐。

（3）调整文本对齐方式时，可以使用"指针"工具，选择对齐方式的文本对象。如果要对文本框中的部分文本进行对齐调整，可以使用"文本"工具，将要调整的文本选中，再进行相应的对齐调整。

4.2.3　设置文本的字间距

文本的字间距是指文本框内全部或部分文字之间的距离，用户可以改变这一距离以适应不同的要求。调整文本的字间距可以通过"属性"面板中的█ 0 █文本框进行调整，具体操作步骤如下：

（1）在工具箱中选择"指针"工具█。

（2）使用该工具选中要调整文本字间距的文本框。

（3）在"属性"面板中的█ 0 █文本框中输入要调整文本间距的数值，也可以拖动其旁边的滑块来设置相应的值。当数值为正值时，间距相应变大，如果为负值时，字间距相应变小，而且文本可能会重叠在一起。

4.2.4　设置文本的字顶距

文本字顶距是指段落中相邻行之间的距离。当要为一个多行的文字段落进行相邻行之间距离的调整时，可以通过"属性"面板中的"字顶距"文本框█ 120 █来进行调整，具体操作步骤如下：

（1）在工具箱中选择"指针"工具 ![指针]。

（2）使用该工具选中要调整文本字顶距的文本框。

（3）在"属性"面板的"字顶距"文本框 ![字顶距 120] 中输入要定义的行间距的数值，并且在右侧的单位下拉列表中选择要使用的单位。

4.2.5 设置文字的宽度

当文字的宽度为较宽或较窄时，可以通过"属性"面板中的"水平缩放"文本框 ![水平缩放 100%] 进行调整。文字水平缩放后，文字的字间距并没有发生变化，而是在水平方向上改变了字的宽度。具体操作步骤如下：

（1）在工具箱中选择"指针"工具 ![指针]。

（2）使用该工具选中要调整文本宽度的文本框。

（3）在"属性"面板中的"水平缩放"文本框 ![水平缩放 100%] 中进行参数调整。当数值大于 100%时可以将文字调整到比原始更宽的效果；当数值小于 100%时可以将文字调整到比原始更窄的效果。

4.2.6 消除锯齿

在一般情况下，文本输入后都会对文本进行消除锯齿的处理，这样可以使文本的边缘融合到背景中，当文字很大时，文本就会显得更加整洁美观。消除锯齿的操作步骤如下：

（1）在工具箱中选择"指针"工具 ![指针]。

（2）使用该工具选择要消除锯齿的文本框。

（3）在"属性"面板中的"消除锯齿" ![平滑消除锯齿] 下拉列表中选择各种不同的消除锯齿选项。

① "不消除锯齿"：文本的边缘比较粗糙。

② "匀边消除锯齿"：在文本的边缘和背景之间产生强烈的过渡。

③ "强力消除锯齿"：在文本的边缘和背景之间产生非常强烈的过渡，同时保全文本字符的形状并增强字符细节区域的表现。

④ "平滑消除锯齿"：在文本的边缘和背景之间产生柔和的过渡。

（4）当选中"自定义消除锯齿"选项时，会打开"自定义消除锯齿"对话框，如图4-5 所示。

① "采样过度"：确定用于在文本边缘和背景之间产生过渡的细节量。

② "锐度"：确定文本边缘和背景之间过渡的平滑程度。

③ "强度"：确定将多少文本边缘混合到背景中。

图4-5 自定义消除锯齿对话框

4.2.7　应用笔触、填充和滤镜

文字和矢量对象一样，可以将笔触、填充和滤镜等一些特效应用到所选文本块中的文本，从而创作出一些多姿多彩的文字。具体操作步骤如下：

（1）在工具箱中选择"指针"工具 。

（2）用该工具选择要应用特效的文本框。

（3）分别单击"属性"面板中的"笔触颜色"按钮 和"填充颜色"按钮 ，在弹出的对话框中进行相应的设置。

（4）单击"属性"面板中的"添加动态滤镜或选择预设"按钮 ，在弹出的菜单中选择需要的效果。

4.3　将文本附加到路径

输入的文本一般总是位于一个矩形的文本框中，很多情况下需要绘出沿曲线排列的文本。为达到这个效果，可以绘制一条路径，然后将文本附着于路径之上，文本将随着路径的改变而改变。

在 Fireworks CS4 中，可以将文本附加到某个路径上，此时文本会按照路径的方向和形态排列。将文本附加到路径后，该路径会暂时失去其笔触、填充，以及滤镜属性。随后应用的任何笔触、填充和滤镜属性都将应用到文本，而不是路径。如果之后将文本从路径分离出来，该路径会重新获得其原有的笔触、填充，以及滤镜属性。

项目实例4-1：用Fireworks CS4制作一个图章，效果如图4-6所示（见图形文件"4-1"）。

图 4-6　图章效果图

（1）新建一个 Fireworks 文件，设置画布的宽度和高度分别为 400 像素，背景颜色为透明色。

（2）选择工具箱中的"椭圆"工具 ，按住 Shift 键在画布中绘制一个宽和高分别为150 像素的正圆。

（3）单击工具箱上的"指针"工具 ，单击选中正圆，在"属性"面板的"笔尖大小"列表框 中设置正圆的边框粗细为 4 像素。单击 "笔触颜色"按钮 ，在弹出的对话框中选择笔触颜色为红色。单击"填充颜色"按钮 ，在弹出的对话框中选择填充颜色为透明色，如图 4-7 所示。

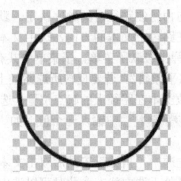

图 4-7　正圆

（4）下面创建沿圆周排列的"浙江某某协会"这几个文字的效果。选择工具箱中的"椭圆"工具 <img>，按住 Shift 键在画布中绘制一个宽和高分别为 90 像素的正圆，正圆的属性可以任意设置，如图 4-8 所示。

（5）单击工具箱中的"文本"工具 T，输入文字"浙江某某协会"，设置字体为宋体，大小为 30，颜色为红色，如图 4-9 所示。

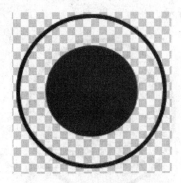 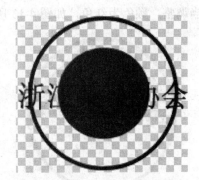

图 4-8　正圆　　　　　　　图 4-9　文字"浙江某某协会"

（6）单击工具箱上的"指针"工具 <img>，按住 Shift 键同时选中路径和文本对象，单击"文本"菜单，在下拉菜单中选择"附加到路径"，文本即被附加到路径上，这时文本随着路径的形状而改变其原先的方向和位置，如图 4-10 所示。

（7）使用"变形"工具适当调整文本的方向和位置，如图 4-11 所示。

图 4-10　将文本附加到路径　　　图 4-11　调整文本的方向和位置

文本在路径上的排列方向由绘制路径时的顺序决定。默认状态下，文本从路径的起点开始排列。若要更改附加在路径上文本的方向，选中文本，然后单击"文本"菜单，在下拉菜单中选择"方向"，弹出级联子菜单，子菜单中共有四个选项："依路径旋转"、"垂直"、"垂直倾斜"和"水平倾斜"。若要反转所选路径上文本的方向，选择菜单"文本"→"倒转方向"。若要更改文本在路径上的起点位置，选中文本对象，然后在"属性"面板的"文本偏移"文本框 文本偏移: ⓪ 中输入一个值，如"100"，按"回车"键后起点位置发生改变。

（8）如果要编辑文本，先选中"指针"工具后双击文本对象，光标将插入文本中并使工具面板中的"文本"工具处于选中状态，此时可以选中、增加、删除、修改文本的内容和各种属性。

（9）如果要修改路径，首先要分离文本与路径，即选中文本与路径，然后选择"文本"菜单下的"从路径分离"命令。分离后，路径将恢复其原有的属性并可以进行修改。

（10）单击工具箱中的"星形"工具 ☆ 绘制一个五角星，设置填充色为红色并适当调整其大小，如图 4-12 所示。

（11）单击工具箱中的"文本"工具 **T**，输入文字"某某材料分会"，设置字体为宋体，大小适当调整，颜色为红色，如图 4-13 所示。

图 4-12　五角星　　　　　图 4-13　文字"某某材料分会"

至此，完成了图章的制作。

4.4　将文本转化为路径

在 Fireworks CS4 中文本对象既不是矢量对象，也不是位图对象。当需要用"矢量"工具编辑文本时，可以将文本对象转化为路径，但文本一经转化为路径后，其内容就不能再按文本进行编辑。

项目实例 4-2：绘制一个大学的校徽，中心放置"南开"两个字代表学校的名字，文字的四周是个八角的星状图像，星状图外切一个圆形，圆形外围有个"NANKAI UNIVERSITY"和"TIANJIN"等文字，这些文字又是处在另外一个圆环之内的，效果如图 4-14 所示（见图形文件"4-2"）。

（1）新建一个 Fireworks 文件，设置画布的宽度和高度分别为 400 像素，背景颜色为白色。

图 4-14　效果图

（2）选择工具箱中的"星形"工具 ☆，在画布中绘制一个五角星，并将填充色设置为无，笔触颜色设置为#9872A8，笔触大小设置为8。

（3）单击工具箱上的"指针"工具 ▶，单击选中五角星，在"自动形状属性"面板中，将点数设置为8，半径1和圆度1分别设置为100，半径2和圆度2分别设置为75，如图4-15所示。

（4）下面开始在图像内部添加"南开"两个文字并对文字进行调整。单击工具箱中的"文本"工具 T，输入文字"南开"，设置字体颜色为#9872A8，设置字体类型为"汉鼎繁淡古"（见文件"汉鼎繁淡古"）。在图形图像设计中，Windows 字库中的字体往往不能够满足需求，为了达到一些特殊的效果，可以从网上下载一些古体、繁体字库，将其放入 Windows 目录下的"Fonts"文件夹中即可。在这里可以从网上下载"汉鼎繁淡古"字体，并将其放入 Windows 目录下的"Fonts"文件夹中，然后在 Fireworks 中设置字体类型就可以了。

（5）选择工具箱上的"缩放"工具 📐，对文本实行变形和缩放，调整文本的大小和长宽比，使得文本能够与边框匹配，如图4-16所示。

（6）下面对"南"字进行一定的调整，使得"南"字的横能够两端向上挑起来。先将文本对象转化为路径，单击"文本"菜单中的"转化为路径"命令。转化后文本就不存在了，原来的文本变成两个路径的组合。由于只需要改动"南"字，所以需要将组合取消。选中上面的组合，单击鼠标右键在弹出的快捷菜单中选择"取消组合"即可，如图4-17所示。

图 4-15　八角星　　　　　图 4-16　调整文本　　　　图 4-17　取消组合

（7）单击工具箱上的"指针"工具 ▶，单击选中"南"字路径，切换到300%视图，使用"部分选择"工具 ▶ 调整路径，可以使用"钢笔"工具 ◊ 适当增加控制点，使得"南"

85

字路径上面的一横的两脚上挑起来，如图 4-18 所示。

（8）切换到 100％视图之下，发现"南"字横线两角已经上挑了，实现了需要的效果。接着使用工具箱上的"椭圆"工具 ，同时按住 Shift 键绘制大小分别为 216×216，276×276 和 333×333 的三个正圆，并将填充色设置为无，笔触颜色设置为#9872A8，笔触大小设置为 8，并且放置到适当的位置，如图 4-19 所示。

图 4-18　修改路径　　　图 4-19　三个正圆

（9）上面三个正圆中间的那个正圆是为了附加文字用的。由于要附加"NANKAI UNIVERSITY"和"TIANJIN"两组文字，所以中间的圆形路径也要被切割成为上下两段，这样不同的文字附加到不同的路径。选中中间的正圆，单击工具箱上的"刀子"工具 对路径进行切割，如图 4-20 所示。

（10）用同样的方式在稍向下的位置再次对中间的正圆进行切割，这时切下正圆对称的两段，然后使用"指针"工具 选择这两段路径并将它们删除，最后剩下如图 4-21 所示的路径。

图 4-20　切割正圆　　　图 4-21　删除路径后的图像

（11）现在为图像添加文本，首先添加"NANKAI UNIVERSITY"，设置字体颜色为#9872A8，设置大小为 48，然后按住 Shift 键同时选中上面的路径和文字。单击"文本"菜单，在下拉菜单中选择"附加到路径"，文本即被附加到路径上，如图 4-22 所示。

（12）我们发现文本在路径的上方，为了让文本处在路径的中心位置，只需要双击进入文本编辑状态，并且选中所有文字，在"属性"面板的"基线调整"文本框 中输入相应的数值即可调整文本的上下位置，在这里输入-18，效果如图 4-23 所示。

（13）用同样的方式添加"TIANJIN"文本，设置字体颜色为#9872A8，设置大小为 53，然后按住 Shift 键同时选中下面的路径和文字，单击"文本"菜单，在下拉菜单中选

图 4-22　文本附加到路径　　　　　　图 4-23　调整文本的位置

择"附加到路径"。但是我们发现文本的位置反了，可以单击"文本"菜单，在下拉菜单中选择"倒转方向"即可将文本倒置过来，如图 4-24 所示。

（14）双击进入文本编辑状态，并且选中所有文字，在"属性"面板的"基线调整"文本框中输入-20，即可调整文本的上下位置，如图 4-25 所示。

图 4-24　倒置文本　　　　　　　　图 4-25　调整文本的位置

（15）在校徽上添加两个修饰的圆形图案，最终效果如图 4-14 所示。

本 章 小 结

本章主要讲解了文本的操作方法，包括文本的创建、文本属性的设置、将文本附加到路径，以及将文本转化为路径。通过本章的学习，大家应掌握文本的创建和文本属性的设置，并利用文本附加到路径，以及将文本转化为路径的技巧制作出许多特效文字。将文本附加到路径及将文本转化为路径的技巧是本章的难点。为了创作丰富多彩的文字效果，除了熟练地使用"文本"工具和属性面板外，增加上机操作时间，培养良好的创作习惯，都是必备的条件。

技 能 训 练

1．单项选择题

（1）下面关于将文本转化为路径的叙述错误的是（　　　）。

A. 除非使用 undo 命令否则不能撤消

B. 会保留其原来的外观

C. 可以和普通的路径一样进行编辑

D. 可以重新设置字体、字型、颜色等文字属性

（2）以下哪一项能对文本对象进行操作（　　）。

A. 对文本对象应用填充

B. 对文本对象应用特效

C. 对文本对象应用样式

D. 以上操作都可以

（3）在创建新文本时，是否保持原来的笔触和动态效果（　　）。

A. 保持

B. 不保持

C. 保持原来的笔触效果

D. 保持原来的动态效果

（4）将文本附加到路径后（　　）。

A. 该路径保留其笔触、填充，以及效果属性

B. 该路径会暂时失去其笔触、填充，以及效果属性

C. 该路径会保留笔触、填充属性

D. 该路径会保留效果属性

（5）（　　）是将文本附加到路径。

A. 文字转化为路径的形状并且失去可编辑性。

B. 文本将顺着路径的形状排列并且失去可编辑性。

C. 文字转化为路径的形状并且保持可编辑性。

D. 文本将顺着路径的形状排列并且保持可编辑性。

2. 实践训练

利用所学的知识，制作如图 4-26 所示的图形。（见图形文件"4-3"）

图 4-26　效果图

3. 职岗演练

参考项目实例，自行查找素材制作网站的标志。

第5章 层和元件

【应知目标】

1. 熟悉层的各种基本操作，包括层的新建、删除、复制、查看、保护、组织、透明度设置和合并对象。

2. 了解元件的基本概念，熟悉创建、编辑和导入导出元件的操作。

【应会目标】

1. 掌握层的基本操作。

2. 掌握图形元件的制作方法。

【预备知识】

1. 了解 Fireworks 制作位图图像的基本工具。

2. 了解 Fireworks 绘制矢量路径对象的基本方法。

3. 了解 Fireworks 文字的制作过程。

5.1 层的概念和使用

Fireworks CS4 的层将画布分成不连续的平面，就像是在描图纸的不同覆盖面上绘制插图的不同元素一样。一张画布可以包含许多层，而每一层又可以包含许多子层或对象。层对于理解文件的结构是非常重要的，合理利用层管理对象可以使文件的结构清晰明了。

5.1.1 层面板

画布上的每个对象都驻留在一个层上，可以在绘制之前创建层，也可以根据需要添加层。"层"面板显示文件的当前状态或页面中所有层的当前状态。活动层的名称显示高亮。最近新创建的层放在最上面，因此层面板中层及其中对象的上下次序反应了对象本身的堆叠顺序。可以重新排列层及层内对象的顺序，也可以创建子层及将对象移动到这些子层上。图 5-1 显示了层面板的全貌。

5.1.2 层的使用

1. 查看层

（1）激活层。绘制、粘贴或导入的对象都放置在活动层的顶部。想要激活某个层，可以在层面板中单击该层的名称或者选择该层上的对象。

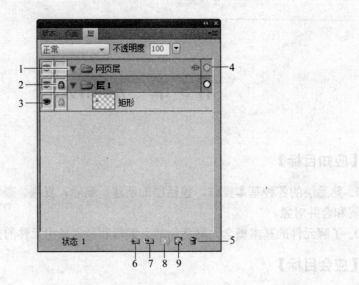

图 5-1 层面板

1—展开/ 折叠层；2—锁定/ 取消锁定层；3—显示/ 隐藏层；4—活动层；5—删除层；

6—新建/ 复制层；7—新建子层；8—添加蒙版；9—新建位图图像。

（2）展开或折叠层。为了避免层面板中的杂乱，可以折叠层的显示。为了查看或选择一个层上的特定对象，需要展开该层。展开或折叠单个层，请单击层名称左侧的三角形，如图 5-2 所示。若要展开或折叠所有层，请按住 Alt 并单击层名称左侧的三角形。

图 5-2 展开或折叠层

2. 添加、删除和复制层

使用层面板，可以添加新层、添加新子层、删除不需要的层，以及复制现有的层和对象。

1）添加层

在创建新层时，空白层会插入到当前选定层的上方，成为活动层。执行下列操作之一添加层：

（1）单击"新建/复制层"按钮 。

（2）选择"编辑"→"插入"→"层"。

（3）从层面板的弹出菜单 中选择"新建层"或"新建子层"，然后单击"确定"。

2）删除层

欲删除层上方的层会成为活动层。如果删除的层是剩余的最后一层，则会创建一个新的空层。执行下列操作之一删除层：

（1）在层面板中将该层拖到垃圾桶图标 🗑 上。

（2）在层面板中选择该层并单击垃圾桶图标。

（3）选择该层并从层面板的弹出菜单中选择"删除层"。

3）复制层

执行下列操作之一可以复制层：

（1）将层拖到"新建/复制层"按钮 🗗 上。

（2）选择一个层并从层面板的弹出菜单 ☰ 中选择"复制层"。然后选择要插入的复制层的数目，以及在堆叠顺序中放置它们的位置。由于网页层始终是顶层，因此"在顶端"选项表示正好在网页层下方。

（3）按住 Alt 键并拖动层。

3. 组织层

在层面板中，可以通过命名并重新排列文件中的层和对象来组织它们。对象可以在层内或层间移动。在层面板中移动层和对象将更改对象出现在画布上的堆叠顺序。在画布上，层顶端的对象出现在层中其他对象的上方。位于顶层的对象出现在其下各层中的对象之前。

1）命名层或对象

（1）在层面板中双击层或对象。

（2）为层或对象键入新名称并按Enter键。

【提示】不能对网页层重命名，但是可以对它的子层和网页对象（如切片和热点）重命名。

2）在层间移动层或对象

若要移动层，将层拖动到新位置即可。若要移动某层中的若干个对象到另外一层，首先选中这些对象然后拖动到目标层即可。

4. 保护层

锁定个别对象可以保护该对象不被选定或编辑，锁定层则可保护该层上的所有对象。挂锁图标 🔒 表示锁定的项目。"单层编辑"功能保护活动层和子层以外的所有层上的对象不被意外地选择或更改。还可以通过隐藏的方法来保护对象和层。导出文件时不包括隐藏的层和对象。网页层上的对象不管是否隐藏，始终可以导出。

1）锁定层和对象

若要锁定一个对象，单击紧邻对象名称左侧的列中的方形；若要锁定单个层，单击紧邻层名称左侧的列中的方形，如图5-3所示。若要锁定多个层，在层面板中沿"锁定"列拖动指针，如图5-4所示。若要锁定或解锁所有层，从层面板的弹出菜单中选择"锁定全部"或"解除全部锁定"。

2）打开或关闭"单层编辑"

要打开或关闭"单层编辑"，可以从层面板的弹出菜单中选择"单层编辑"。复选标记指示"单层编辑"处于活动状态。

图 5-3　锁定层或对象　　　　　　　　　　图 5-4　锁定多个层

3）显示或隐藏层和对象

若要显示或隐藏层或层上的对象，请单击层或对象名称左侧第一列中的方形。眼睛图标指示层或对象是可见的。若要显示或隐藏多个层或对象，请在层面板中沿"眼睛"列拖动指针。若要显示或隐藏所有层和对象，请从层面板的弹出菜单中选择"显示全部"或"隐藏全部"。

5. 共享层

诸如背景元素之类的对象出现在网站的所有页面或动画的所有状态，可以采用共享层的方法简化实现过程。如果在页面或状态之间共享层，当在一个层上更新对象时，系统会自动在所有页面或状态中更新该对象。注意子层不能在页面或状态之间共享。

1）在状态间共享所选层

从层面板的弹出菜单中选择"在状态中共享层"。

2）在页面间共享所选层

从层面板的弹出菜单中选择"将层在各页面间共享"。当在页面间共享层时，该层将显示为黄色以便与未共享的层区分。

6. 网页层

网页层在每个文件中均显示为顶层，它包含用于给导出的Fireworks文件指定交互性的网页对象（如切片和热点）。不能停止共享、删除、复制、移动或重命名"网页层"，也不能合并驻留在"网页层"上的对象。网页层在页面的所有状态之间始终会保持共享状态，且网页对象在页面的每个状态中都可见。用户可以重命名网页层中的对象。

7. 设置不透明度

可以使用属性面板或层面板调整所选对象的不透明度。不透明度设置为100会将对象渲染为完全不透明。设置为0会将对象渲染为完全透明。还可以在绘制对象之前指定不透明度。在属性面板或层面板更改选中对象的不透明度如图5-5所示。

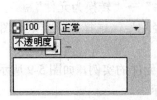

图 5-5　在属性面板或层面板更改选中对象的不透明度

8. 混合模式

混合是改变两个或更多个重叠对象的颜色和透明度使其相互作用的过程。在 Fireworks中，使用混合模式可以创建复合图像。选择混合模式后，Fireworks 会将它应用于所有选择的对象。单个文件或单个层中的对象可以具有与该文件或该层中其他对象不同的混合模式。

项目实例5-1：设置图像混合模式。

（1）启动Fireworks CS4，打开图形文件"5-1"。

（2）在图片右下角输入文字"采杨梅"，文字方向垂直，字体颜色红色，字号96。

（3）我们发现文字和图像之间过渡比较生硬，不够柔和。为此选择文字，在属性面板中将它的混合模式设置为"颜色加深"，如图5-6所示。最终效果如图5-7所示。

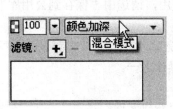

图 5-6　设置混合模式　　　　　图 5-7　最终效果

5.2　元件的概念和使用

Fireworks 提供三种类型的元件：图形、动画和按钮。当想重复使用图形元素时，元件会很有用。元件对于创建按钮及为对象在多个状态之间制作动画也很有帮助。在编辑原始元件对象时，所复制的实例会自动进行更改，以反映经过编辑的元件，除非用户断开二者之间的连接。

5.2.1　创建元件

可以从任何对象、文本块或组中创建元件，然后将它存储在公用库面板中。在该面板中可以编辑元件并将它放在文件中。

项目实例 5-2：从所选对象创建图形元件"浙经院"。

（1）启动 Fireworks CS4，打开图形文件"5-2"，显示浙经院图标。

（2）选择图标，然后选择"修改"→"元件"→"转换为元件"。

（3）在"名称"框中键入元件的名称"浙经院"，选择元件类型为图形，单击"确定"保存元件，如图 5-8 所示。

（4）所选图标中心出现十字箭头，即变为该元件的实例，如图 5-9 所示。属性面板和文档库面板将显示元件相关选项，如图 5-10 所示。

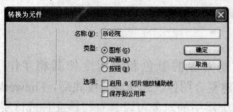

图 5-8　转换为元件

图 5-9　元件实例

图 5-10　属性面板和文档库面板相关内容

【提示】（1）若要缩放元件而不扭曲其几何形状，请选择"启用 9 切片缩放辅助线"。

（2）若要存储元件，使其可以在多个文件中使用，请选中"保存到公用库"选项。默认保存在"自定义元件"文件夹中。

项目实例 5-3：从头开始创建图形元件"浙经院"。

（1）启动 Fireworks CS4 新建文件，执行下列操作之一。

① 选择"编辑"→"插入"→"新建元件"。

② 从"文档库"面板的"选项"菜单中选择"新建元件"。

（2）在"名称"框中键入元件的名称"浙经院"，选择元件类型为图形元件。

（3）出现元件编辑窗口，导入图形文件"5-2"，移动图标位置出现水平和垂直智能辅助线，表示图标已经居中排列，如图 5-11 所示。

图 5-11　元件编辑窗口

（4）元件制作完成，单击左上角向后箭头关闭元件编辑窗口。

若要放置元件的实例，只需将元件从文档库面板拖到当前文件中即可。

5.2.2　编辑元件及其所有实例

当编辑元件时，其所有的相关实例都将自动更新以反映最新的修改。但是，某些属性将保持独立。

1. 编辑元件

（1）要进入元件编辑模式，请执行下列操作之一。

① 在画布上，双击元件实例。

② 选择元件实例，然后选择"修改"→"元件"→"编辑元件"。

③ 在"文档库"面板中，双击元件图标。

（2）根据需要更改元件。

【提示】如果没有为所选元件启用 9 切片缩放，则可以在其上下文本身中编辑该元件。可以选择"修改"→"元件"→"就地编辑"。使用 9 切片缩放辅助线避免在调整元件大小时发生扭曲。

2. 重命名元件

（1）在文档库面板中，双击元件名称。

（2）在"转换为元件"对话框中，更改元件名称，然后单击"确定"。

3. 重制元件

（1）在"文档库"面板中选择元件。

（2）从文档库面板的"选项"菜单中选择"重制"。

（3）如果需要更改副本的名称和类型，然后单击"确定"。

4. 更改元件类型

（1）在"库"中双击元件名称。

（2）选择一个不同的"类型"选项。

5. 删除元件及其所有实例

在文档库面板中，将元件拖到垃圾桶图标上。

6. 交换元件

（1）在画布上，右键单击某个元件，然后选择"交换元件"。

（2）在"交换元件"对话框中，从文档库中选择另一个元件，然后单击"确定"。

5.2.3　编辑特定的元件实例

当用户双击某个实例对其进行编辑时，实际上是在编辑元件本身。若只编辑当前实例，必须断开该实例与元件之间的连接。但这将永久中断二者间的关系。以后对该元件所做的任何编辑都不会反映在断开连接的实例中。

项目实例 5-4：断开元件连接。

（1）在画布上放置"浙经院"元件的一个实例。

（2）选择"修改"→"元件"→"分离"，所选实例随即变为一个组。文档库面板中的"浙经院"元件与该组不再有任何关联。

项目实例 5-5：在不断开元件连接的情况下编辑实例。

（1）在画布上放置"浙经院"元件的一个实例。

（2）选中该实例，在属性面板中修改属性。增加投影和内斜角滤镜，参数如图 5-12 和图 5-13 所示，其中投影颜色与实例颜色相同。实例效果如图 5-14 所示。

图 5-12　投影参数　　　　　　　　　图 5-13　内斜角参数

图 5-14　修改后的实例效果

（3）再次在画布上放置"浙经院"元件的一个实例，可以发现这个实例并没有增加上述滤镜效果。

【提示】可以在不影响元件和其他实例的情况下修改下列实例属性：不透明度、滤镜、宽度和高度、混合模式、x 和 y 坐标。

5.2.4　导入和导出元件

文档库面板存储当前文件中创建或导入的元件，所以文档库面板特定于当前的文件；若要将一个库中的元件用在另一个文件中，需要导入、导出、复制或拖动它们。

项目实例 5-6：导出元件"浙经院"。

（1）从文档库面板的"选项"菜单中选择"导出元件"。

（2）选择要导出的元件"浙经院"，然后单击"导出"。

（3）导航到文件夹，为该元件文件键入一个名称，如"浙经院元件"，然后单击"保存"。Fireworks 将这些元件保存在"浙经院元件.PNG"文件中。

项目实例 5-7：从 Fireworks 元件库导入元件。

（1）启动 Fireworks CS4 新建文件。

（2）在公用库面板中选择一个文件夹，拖动其中的一个元件到画布上。

（3）文档库面板中出现该元件，表明在当前文件中导入了该元件。

项目实例 5-8：将"浙经院元件.PNG"中包含的元件导入到当前文件中。

（1）启动 Fireworks CS4 新建文件，从文档库面板的"选项"菜单中选择"导入元件"。

（2）导航到"浙经院元件.PNG"文件夹，选择该文件，然后单击"打开"。

（3）选择要导入的元件，然后单击"导入"。导入的元件随即出现在文档库面板中。

通过拖放操作或复制和粘贴操作也可以导入元件，该元件被导入到目标文件的文档库面板中，同时保留与原始文件中元件的关系。执行下列操作之一：

① 将元件实例从包含该元件的文件拖到目标文件中。

② 在包含该元件的文件中复制一个元件实例，然后将其粘贴到目标文件中。

本 章 小 结

层面板是 Fireworks 中的常用面板，在学习的过程中要逐步习惯在层面板中选择和排列对象并完成相关设置。在画布对象比较多的情况下这样操作比直接在画布上选择对象更加简便和快捷。应用元件进行基本图形设计是 Fireworks 绘图的必备技巧，对于常用图标可以采用绘制元件的方法一次制作多次使用。另外，元件在制作动画的过程中将发挥巨大的作用，希望读者认真掌握其使用方法。

技 能 训 练

1．单项选择题

（1）文件中的每个对象都驻留在（　　）个层上。

    A. 1 个　　　　　B. 2 个　　　　　C. 3 个　　　　　D. 4 个

（2）若要通过层面板将层中对象复制到其他层，除了拖动该对象到目标层以外，还要同时按住（　　）键。

    A. Shift　　　　　B. Alt　　　　　C. 空格　　　　　D. Ctrl

（3）元件可以分为（　　）。

    A. 图形元件　　B. 动画元件　　C. 按钮元件　　D. 以上全是

2．实践训练

（1）根据课堂所学，将图 5-15 所示的位图转变为图形元件（见图形文件"5-3"、"5-4"）。

图 5-15　制作图形元件

（2）利用混合模式完成图 5-16 所示作品（见图形文件"5-5"）。

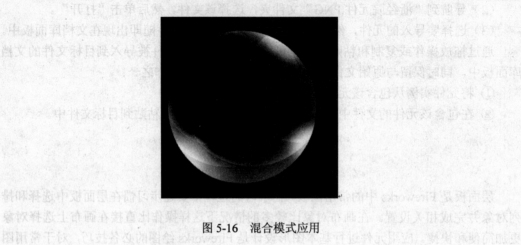

图 5-16　混合模式应用

第6章 动态滤镜

【应知目标】

1. 了解使用滤镜的作用。
2. 了解 Fireworks CS4 中动态滤镜的种类和构成。
3. 了解 Fireworks CS4 增加、删除动态滤镜和设置滤镜参数的方法。
4. 明确动态滤镜作用的范围和顺序。

【应会目标】

1. 掌握使用动态滤镜增强图像效果的操作步骤。
2. 初步建立利用动态滤镜实现图像效果的感性认识。

【预备知识】

1. 了解 Fireworks CS4 的基本操作。
2. 了解矢量对象、位图和文字的创建和编辑过程。

Fireworks 动态滤镜是可以应用于矢量对象、位图图像和文本的增强效果。动态滤镜包括斜角和浮雕、纯色阴影、投影和光晕、颜色校正、模糊和锐化。可以直接从属性面板中将动态滤镜应用于所选对象。

6.1　设置动态滤镜

选中文件中的某个对象，在属性面板中可以找到滤镜设置区域，如图6-1所示。利用它就可以给对象添加动态滤镜。

项目实例6-1：熟悉滤镜操作步骤，绘制底片效果。

（1）启动Fireworks CS4，打开图形文件"6-1"并选中。

（2）单击属性面板中滤镜标记旁边的加号"+"图标，如图6-1所示。然后从"添加动态滤镜"弹出菜单中选择滤镜"调整颜色/反转"。该滤镜随即添加到所选对象的"动态滤镜"列表中。

（3）图6-2所示为图像反转前后的效果对比。

（4）单击属性面板滤镜列表中滤镜旁边的"√"图标使其变成"×"图标可以去掉滤镜效果，如图6-3所示。

（5）选中滤镜列表中滤镜，单击减号"-"图标，可以删除该滤镜，如图6-4所示。

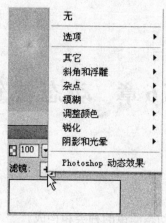

图 6-1　动态滤镜设置区域

图 6-2　反转前后图像的效果对比

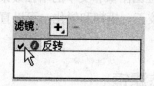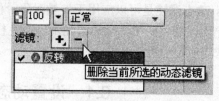

图 6-3　去掉滤镜效果　　　　图 6-4　删除选中的滤镜

【提示】如果一个对象有多个动态滤镜，它们的应用顺序会影响整体滤镜效果。可以通过在"动态滤镜"列表中拖动动态滤镜来重新安排其堆叠顺序。

6.2　斜角和浮雕

"斜角"滤镜赋予对象边缘一个凸起的外观，包括"内斜角"和"外斜角"。"浮雕"滤镜使图像、对象或文本凹入画布或从画布凸起，包括"凹入浮雕"和"凸起浮雕"。

项目实例 6-2：熟悉"斜角和浮雕"滤镜的使用。

（1）启动 Fireworks CS4，打开图形文件"6-2"。

（2）选中文字"fireworks"，添加"内斜角"滤镜，效果如图 6-5 所示，参数设置如图 6-6 所示。

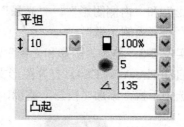

图 6-5　内斜角　　　　　　　　　图 6-6　内斜角参数

（3）选中文字"fireworks"，去掉"内斜角"滤镜，添加"外斜角"滤镜，效果如图 6-7 所示，参数设置如图 6-8 所示。

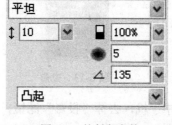

图 6-7　外斜角　　　　　　　　　图 6-8　外斜角参数

（4）选中文字"fireworks"，去掉"外斜角"滤镜，添加"凸起浮雕"滤镜，效果如图 6-9 所示，参数设置如图 6-10 所示。

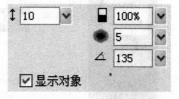

图 6-9　凸起浮雕　　　　　　　　图 6-10　凸起浮雕参数

（5）选中文字"fireworks"，去掉"凸起浮雕"滤镜，添加"凹入浮雕"滤镜，效果如图 6-11 所示，参数设置如图 6-12 所示。

图 6-11　凹入浮雕　　　　　　　　图 6-12　凹入浮雕参数

（6）自行调试滤镜的参数，仔细比较它们的区别。

6.3　阴影和光晕

"阴影"类滤镜模拟不同角度和强弱的光线被对象遮蔽后留下的阴影，分为"投影"、

"纯色阴影"和"内侧阴影"。"光晕"类滤镜模拟光线照射在物体上的光照强度,分为"光晕"和"内侧光晕"。

项目实例 6-3:熟悉"阴影和光晕"滤镜的使用。

(1)启动 Fireworks CS4,打开图形文件"6-3"。

(2)选中手机,添加"投影"滤镜,效果如图 6-13 所示,参数设置如图 6-14 所示。

图 6-13　投影　　　　　　　　　　　　图 6-14　投影参数

(3)选中手机,去掉"投影"滤镜,添加"纯色阴影"滤镜,效果如图 6-15 所示,参数设置如图 6-16 所示。

图 6-15　纯色阴影　　　　　　　　　　图 6-16　纯色阴影参数

(4)选中手机,去掉"纯色阴影"滤镜,添加"内侧阴影"滤镜,效果如图 6-17 所示,参数设置如图 6-18 所示。

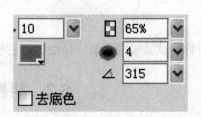

图 6-17　内侧阴影　　　　　　　　　　图 6-18　内侧阴影参数

102

（5）选中手机，去掉"内侧阴影"滤镜，添加"光晕"滤镜，效果如图 6-19 所示，参数设置如图 6-20 所示。

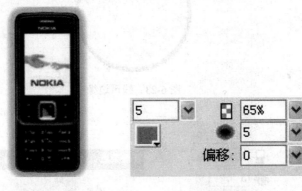

图 6-19　光晕　　　　　　　　图 6-20　光晕参数

（6）选中手机，去掉"光晕"滤镜，添加"内侧光晕"滤镜，效果如图 6-21 所示，参数设置如图 6-22 所示。

图 6-21　内侧光晕　　　　　　图 6-22　内侧光晕参数

（7）自行调试滤镜的参数，仔细比较它们的区别。

Fireworks CS4 中还有其他许多种类的滤镜，如"模糊"、"锐化"、"调整颜色"、"杂点"、"查找边缘"和"转换为 Alpha"等。更为重要的是 Photoshop 滤镜和其他第三方商业公司开发的滤镜可以作为插件引入 Fireworks 中使用。限于篇幅，我们不对此一一介绍。下面通过一个实例具体讲解滤镜的综合应用。

项目实例 6-4：绘制古钱币。

（1）启动 Fireworks CS4，新建一个分辨率为 72，300×200 大小的白色画布。画钱币的外边缘。用"椭圆形"工具画两个大小分别为 116×116 和 107×107 的圆，然后将两个圆形同时选中后进行"垂直"和"水平"对齐。接着使用"修改"→"组合路径"→"打孔"选项，把两圆合成一个组合对象。设置该对象实心填充颜色#414941，笔触色透明，如图 6-23 所示。

（2）为使古币的外边缘有立体感，为该对象添加一个"内斜角"滤镜，各项参数如图 6-24 所示；然后再使用"新增杂点"滤镜，其中的"数量"为 7，并取消"颜色"，如图 6-25 所示。

103

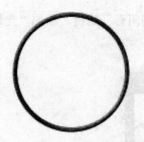

图 6-23　钱币边缘

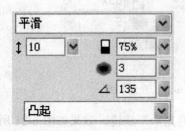

图 6-24　内斜角参数

图 6-25　新增杂点参数

（3）用"椭圆形"工具再画一个 107×107 大小的圆，将该圆与古币外边缘的对象同时选中后进行"水平"和"垂直"对齐，然后为该圆使用"线性渐变"进行填充，渐变参数如图 6-26 所示，左右颜色样本滑块颜色值分别为#BCD2BF 和#515E4D。用"矩形"工具画一个 39×36 大小的矩形，然后与该圆进行"水平"和"垂直"对齐后，使用"修改"→"组合路径"→"打孔"选项，形成一个新的组合对象，然后为这一对象使用"数量"为 7 的"新增杂点"滤镜，使这一古币具有青铜金属的粗糙质感，效果如图 6-27 所示。

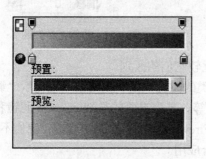

图 6-26　线性渐变参数

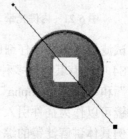

图 6-27　效果图

（4）用"矩形"工具画两个宽高分别是 43×41 和 36×34 大小的矩形，将两矩形进行"水平"和"垂直"对齐后，使用"修改"→"组合路径"→"打孔"选项，设置这一组合对象笔触色透明、实心填充颜色#414941。为该对象添加"内斜角"滤镜，参数如图 6-28 所示。然后再添加一个"数量"为 7 的"新增杂点"滤镜。把这个矩形的组合对象移到钱币的正中央，然后用"部分选定"工具对这一对象的路径节点进行适当的移动，也可以使用"钢笔"工具添加一些节点后再用"部分选择"工具进行调整，使其达到如图 6-29 所示的外形效果。

104

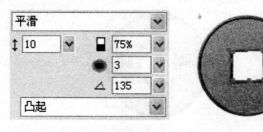

图 6-28　内斜角参数　　　　图 6-29　效果图

（5）既然是古钱币，其表面就少不了有些锈迹。而锈迹最多的地方就是钱币的左上、左下、右上和右下这四个位置。为了模仿这四个地方的锈迹，用"钢笔"工具在钱币的左上位置较随意地圈画一个封闭的路径。接着用同样的方法在钱币的左下、右上和右下这三个位置也用"钢笔"工具圈画上三个封闭路径。然后逐一为这四个封闭路径进行如下的填充及设置。左上路径：用#B1CDB6 进行实心填充，羽化值为 9，使用"数量"为 8 的"新增杂点"滤镜；左下路径：用#BDBE9F 进行实心填充，羽化值为 12，使用"数量"为 11 的"新增杂点"滤镜；右上路径：用# 9DB9A2 进行实心填充，羽化值为 10，使用"数量"为 7 的"新增杂点"滤镜；右下路径：用# A9AC9B 进行实心填充，羽化值为 10，使用"数量"为 7 的"新增杂点"滤镜。完成这一操作后的效果如图 6-30 所示。

图 6-30　增加 4 处锈迹

（6）接下来就要为钱币"铸上"文字了，在这里需要用到"汉仪篆书繁"这款字体（见文件"汉仪篆书繁"），打出"永通万国"后，对该文字对象使用#414941 的实心填充，其他各项设置如图 6-31 所示。

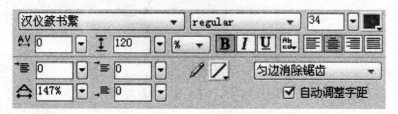

图 6-31　字体参数

（7）选中这一文字对象后单击右键，从弹出菜单中选择"转化为路径"。再使用"修改"→"取消组合"命令，将这四个文字转成各自独立的路径对象。将这四个字按图 6-32 进行排列对齐。

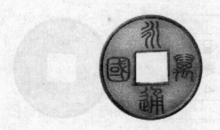

图 6-32　文字排列

（8）为了使钱币上的文字"铸"得更加逼真，下一步还要对文字进行一番处理。按住 Shift 键不放，将这四个字同时选中后再复制一份。此时在层面板中可以看到，被复制出来的四个文字对象处于所有对象层的最上端。把这最上面的四个对象层前的"眼睛"标志去除，暂时隐藏这四个文字对象。回到画布区，再次将原来的四个文字对象同时选中，然后使用"修改"→"改变路径"→"简化"，在"数量"中输入 3。紧接着再单击"修改"→"改变路径"→"扩展笔触"，并做设置如图 6-33 所示。接着再为这四个对象同时使用"数量"为 4 的"新增杂点"和"内斜角"滤镜，参数如图 6-34 所示。

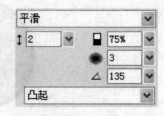

图 6-33　扩展笔触　　　　　　图 6-34　内斜角参数

（9）选中这四个对象中的"永"字，将其填充色由#414941 改为#B0CCB5 的实心填充，同样也把"通"、"万"和"国"字分别改为"#ABB196"、"#8BA58F"和"#AEBBAF"的实心填充。完成这一步后效果如图 6-35 所示。

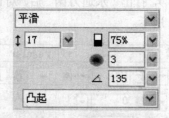

图 6-35　效果图　　　　图 6-36　内斜角参数

（10）重新单击"眼睛"标志将前面隐藏的四个文字对象显示出来。同时选中这四个对象后对其使用"数量"为 7 的"新增杂点"滤镜和"内斜角"滤镜，参数如图 6-36 所示。把画布上的所有对象同时选中后使用"修改"→"组合"选项，然后为这个对象使用"投影"滤镜，投影色为#575757，其他各项设置如图 6-37 所示，最终完成的效果如图 6-38 所示（见图形文件"6-4"）。

106

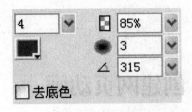

图 6-37　投影参数　　　　　　　图 6-38　成品效果图

本 章 小 结

Fireworks 包含了多种图像滤镜，利用它们可以调整图像的各种显示属性，改善和增强图像的画面效果。而且 Fireworks 将第三方滤镜作为外挂滤镜集成进来，特别是可以集成 Photoshop 滤镜，保证了利用 Fireworks 制作出专业级图像的能力。在学习的过程中要特别注意理论联系实际，将滤镜能够实现的效果和实际绘制物体需要表达的效果结合起来考虑，才能不断进进。

技 能 训 练

1. 单项选择题

（1）动态滤镜包括（　　　）、投影和光晕、颜色校正、模糊和锐化。

  A. 斜角和浮雕、纯色阴影　　　　B. 斜角和浮雕

  C. 纯色阴影　　　　　　　　　　D. 斜角、纯色阴影

（2）应用动态滤镜后，可以随时更改其选项，或者重新排列滤镜的顺序以尝试应用（　　　）。

  A. 组合　　　　B. 组合滤镜　　　　C. 滤镜　　　　D. 编辑

（3）在"属性"面板中可以打开和关闭动态滤镜或者将其删除。删除（　　　）后，对象或图像会恢复原来的外观。

  A. 滤镜　　　　B. 明度　　　　C. 透明度　　　　D. 混合模式

（4）若要设置投影的清晰度，请拖动（　　　）滑块。

  A. 柔化　　　　　　　　　　　　B. 距离

  C. 不透明度　　　　　　　　　　D. 角度

2. 实践训练

制作图 6-39 所示马赛克文字（见图形文件"6-5"）。

图 6-39　马赛克文字效果

第7章　创建网页动画

【应知目标】

1. 了解动画的创意和规划。
2. 熟悉状态面板的操作。
3. 熟悉制作动画的基本方法。
4. 熟悉动画元件和实例的概念及利用它们制作动画的技巧。
5. 熟悉导出动画的步骤。

【应会目标】

1. 会使用状态面板的各项功能。
2. 掌握制作动画的四种基本操作。
3. 掌握元件和实例制作动画的操作步骤。
4. 掌握导出动画的步骤。

【预备知识】

1. 掌握矢量图和位图绘图工具的使用方法。
2. 熟悉 Fireworks CS4 软件的基本操作。
3. 了解控制面板的基本功能。

　　动画是网页的常用元素，使用它可以为网页增加生动活泼、复杂多变的外观，从而引起人们的注意。在 Fireworks CS4 中，可以创建移动的横幅广告、徽标和卡通形象等动画图形。通过图像在多个状态之间不断改变形状、位移、不透明度和角度等参数来实现动画效果，是 Fireworks 创建动画的基本原理。

7.1　动画基础知识

　　动画是利用了人眼的视觉暂留效应，通过连续播放一系列静止图像以产生运动错觉的动态图像。静止图像是一幅幅静态的图像，每一幅都是对前一幅做小部分修改，当这些画面连续播放时，就会感觉出连续的动作。一幅静止的图像称为动画的一个状态。

　　制作动画就是改变每个状态内容的过程，常用的操作步骤如下：

　　（1）创建一个新文件。

　　（2）创建动画元件。可以从头开始创建，也可以通过将现有对象转换为元件。

108

（3）编辑动画元件。可以在"属性"面板或"动画"对话框中编辑动画元件，可以设置移动的角度和方向、缩放、不透明度（淡入或淡出），以及旋转的角度和方向。

（4）设置动画播放的速度。使用"状态"面板中的"状态延迟"控件设置动画播放的速度。

（5）将文件优化，然后作为 GIF 动画文件导出。

7.2　状态面板的操作

可以在"状态"面板上新建或添加一个状态，然后编辑其内容来生成动画，使用"状态"面板可以对状态进行各种操作。选择"窗口"→"状态"面板，打开"状态"面板，如图 7-1 所示。在面板中可以添加、复制、删除状态和更改状态的顺序，也可以设置动画播放的速度，即每一状态的延时。

7.2.1　添加新状态

添加新状态的具体操作步骤如下：

（1）选择"窗口"→"状态"命令，打开"状态"面板。

（2）单击"状态"面板底部的"新建/重制状态"按钮 ，如图 7-2 所示，即可添加状态。

图 7-1　"状态"面板　　　　　图 7-2　添加状态

（3）如果需要按顺序将状态添加到指定的位置，则可以单击"状态"面板右上角的 按钮，在弹出的菜单中选择"添加状态"命令，如图 7-3 所示。

（4）选择命令后，弹出"添加状态"对话框，如图 7-4 所示，在对话框中进行相应的设置。各项参数含义如下：

① "数量"：在文本框中输入插入状态的数量。

② "在开始"：将插入的状态放在所有状态的最前面。

③ "当前状态之前"：将插入的状态放置在当前状态的前面。

④ "当前状态之后"：将插入的状态放置在当前状态的后面。

⑤ "在结尾"：将插入的状态放置在所有状态的最后面。

（5）单击"确定"按钮即可添加状态。

图 7-3　"添加状态"命令　　　　图 7-4　"添加状态"对话框

7.2.2　移动状态

移动状态的具体操作步骤如下：

（1）在"状态"面板中选中要移动的状态，然后按住鼠标左键，将该状态移动到指定的位置，释放鼠标即可。

（2）如果选中了某一状态中的对象，则在该状态的右边会显示一个小圆圈被选中，表示选中了该状态中的对象，如图 7-5 所示。

（3）如果要移动选中的对象，只需将被选中的小圆圈拖动到其他状态上，此时原有状态上的对象被移动到目标状态中。

7.2.3　复制状态

复制状态的具体操作步骤如下：

（1）在"状态"面板中选中要复制的状态，按住鼠标左键将其拖动到底部的"新建/重制状态"按钮 图 上即可，如图 7-6 所示。

图 7-5　被选中的小圆圈　　　　图 7-6　复制状态

（2）可以复制选择的状态并将其按顺序放置，单击"状态"面板右上角的 按钮，在弹出的菜单中选择"重制状态"命令，如图 7-7 所示。

（3）选择命令后，弹出"重制状态"对话框，如图 7-8 所示，在对话框中进行相应的设置，各项参数含义如下：

① "数量"：在文本框中输入插入状态的数量。

② "在开始"：将插入的状态放在所有状态的最前面。

③ "当前状态之前"：将插入的状态放置在当前状态的前面。

④ "当前状态之后"：将插入的状态放置在当前状态的后面。

⑤ "在结尾"：将插入的状态放置在所有状态的最后面。

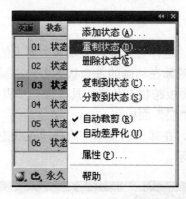
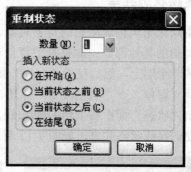

图 7-7 "重制状态"命令   图 7-8 "重制状态"对话框

（4）单击"确定"按钮即可复制状态。

（5）如果要将对象复制到指定的状态或多个状态上，可以在"状态"面板中选中要复制或移动的对象所在的状态，然后选中要复制或移动的对象，单击"状态"面板右上角的 按钮，在弹出的菜单中选择"复制到状态"命令，如图 7-9 所示。

（6）选择命令后，弹出"复制到状态"对话框，如图 7-10 所示，在对话框中进行相应的设置，各项参数含义如下：

① "所有状态"：将选中的对象复制到所有状态中。

② "前一状态"：将选中的对象复制到该状态的上一个状态中。

③ "下一状态"：将选中的对象复制到该状态的下一个状态中。

④ "范围"：将选中的对象复制到指定范围的状态中，勾选该单选按钮，下面的文本框变成可输入状态，在其中输入状态的范围。

图 7-9 "复制到状态"命令   图 7-10 "复制到状态"对话框

111

（7）单击"确定"按钮即可将对象复制到指定的状态中。

7.2.4 删除状态

在"状态"面板中选中要删除的状态，单击"状态"面板底部的"删除状态"按钮 ，或单击"状态"面板右上角的 按钮，在弹出的菜单中选择"删除状态"命令，即可删除状态，如图7-11所示。

7.2.5 使层跨状态共享

可以使用层来组织构成动画的背景对象，这样可方便地编辑某个层上的对象，使它们不会影响动画的其他部分。如果希望背景对象在动画的各个状态中一直显示，需要把它们放置在某一个层上，然后使用"状态"面板跨状态共享，具体操作步骤如下：

（1）选择"窗口"→"层"命令，打开"层"面板。

（2）单击"状态"面板右上角的 按钮，在弹出的菜单中选择"在状态中共享层"命令，即可使该层跨状态共享，如图 7-12 所示。

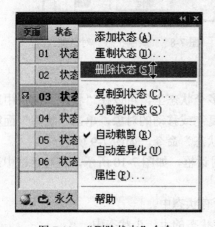

图 7-11　"删除状态"命令

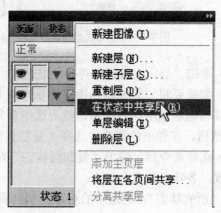

图 7-12　"在状态中共享层"命令

7.2.6 洋葱皮效果

在Fireworks中，可以使用"洋葱皮"功能来查看当前状态前后的状态，从而把握动画的平滑程度。当使用"洋葱皮"功能时，会同时显示当前状态前后状态中的对象，这些对象透明度较低，便于与当前的对象区分开来。查看当前状态前后状态的具体步骤如下：

（1）打开文件夹"广告 Banner"中的动画文件，如图 7-13 所示。

图 7-13　动画文件

（2）选择"窗口"→"状态"命令，打开"状态"面板。

（3）在"状态"面板中选中状态，单击底部的"洋葱皮"按钮 ，在弹出的菜单中选择"自定义"命令，如图 7-14 所示。

（4）弹出"洋葱皮"对话框，在对话框中进行相应的设置，如图 7-15 所示。

 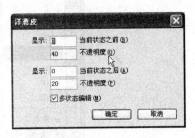

图 7-14 "自定义"命令　　　　图 7-15 "洋葱皮"对话框

（5）单击"确定"按钮，得到的效果如图 7-16 所示。

图 7-16 洋葱皮效果

7.2.7 设置状态延迟

状态延迟设定当前状态显示多长时间，单位百分之一秒。例如，指定 50 可将该状态显示半秒，指定 300 可将该状态显示三秒。设置状态延迟的具体操作步骤如下：

（1）在"状态"面板中，选择要设置的所有状态，单击面板右上角的 按钮，在弹出的菜单中选择"属性" 命令，如图 7-17 所示。

（2）选择"属性"命令后，弹出"状态延迟"对话框，在"状态延迟"文本框中输入相应的数值，如图 7-18 所示。

图 7-17 "属性"命令　　　　图 7-18 设置状态延迟

7.2.8 设置动画播放次数

在状态面板中可以设置动画播放的次数，单击状态面板底部"GIF动画循环"按钮 ，在弹出的菜单中选择相应的命令，如图7-19所示，可以设置动画在第一次播放后重复播放的次数。如果选择"永久"命令，则可以设置动画无限次播放。注意这里的播放次数指的是导出到网页中运行的GIF格式的成品动画的播放次数，而不是在Firworks里预览效果的播放次数。

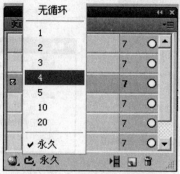

图 7-19 设置动画播放次数

7.3 制作动画的基本方法

在Fireworks CS4中，有4种制作动画的基本方法，下面主要通过项目实例来介绍这些方法的使用。

7.3.1 打开文件制作动画

Fireworks可以创建基于一组文件的动画。例如，要创建一个广告Banner，可以打开几个图形文件，然后分别把每个图形放置到同一文件的不同独立状态。

项目实例 7-1：制作一个 468×60 的网页广告 Banner 动画。广告 Banner，一般翻译为旗帜广告、横幅广告等。广告 Banner 是网站盈利或者发布重要信息的工具。Banner 在制作上要美观、方便单击、与网页协调、整体构成合理。常见网页的 Banner 动画尺寸为468×60（完整 Banner），88×31（Logo），393×72（带纵向导航条的完整 Banner）。

（1）启动 Fireworks CS4，选择"文件"→"打开"命令，弹出"打开"对话框，在对话框中选择文件夹"广告 Banmer"中要打开的图形文件"1"～"6"，并选中"以动画打开"复选框，如图 7-20 所示。

（2）单击"打开"按钮，选中的六个文件在同一个 Fireworks 文件中被打开，按照选择它们时的顺序将每个文件置于一个单独的状态中，如图 7-21 所示。

图 7-20 "打开"对话框

图 7-21 效果图

（3）在"状态"面板中，按住 Shift 键选择所有状态，单击面板右上角的 按钮，在弹出的菜单中选择"属性"命令，如图 7-22 所示。

（4）弹出"状态"对话框，在对话框中将"状态延迟"设置为 100，如图 7-23 所示。

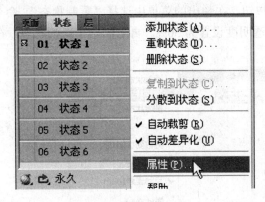

图 7-22　"属性"命令　　　　　　　图 7-23　"状态"对话框

（5）单击文档底部的"播放"按钮 ▷，播放广告 Banner，效果如图 7-24 所示。

图 7-24　效果图

7.3.2　导入现有的 GIF 动画

选择"文件"→"导入"命令即可将选择的GIF动画导入。导入后该动画将会转换为动画元件并放在当前选定的状态中。如果此动画的状态比当前动画的状态多，则可以选择添加更多的状态。导入的GIF动画将失去它们原来的状态延时设置，并采用当前文件的状态延时。

也可以将GIF 动画作为新文件打开，并且其中的每个状态都被置于一个单独的状态中。尽管 GIF不是一个动画元件，但它确实保留了原始文件中的所有状态延迟设置。

7.3.3　制作逐状态动画

制作逐状态动画就是将动画的每一个状态都绘制出来，对每一个状态都要进行编辑。制作的基本方法是：首先编辑状态1的内容，编辑完成以后，在状态1后新建状态2，然后编辑状态2的内容，依此类推。如果状态2中的对象是由状态1变化得到的，则可以复制状态1，这样状态1的图像就会被复制到状态2中。编辑完所有状态之后，便可以预览动画的效果。

项目实例7-2：制作一个88×31的网站Logo。网站Logo就是站点的标志图案，它一般出现在站点的每个页面上，是网站给人的第一印象。Logo的作用很多，最重要的就是要表达网站的理念，便于人们识别。它广泛用于站点的连接、宣传等，有些类似企业的商标。因而Logo设计追求的是：以简洁的符号化的视觉艺术形象把网站的形象和理念长留于人们心中。

115

（1）启动 Fireworks CS4，新建一个 88×31 像素的文档，并将背景色设置为#FFD600。

（2）在状态 1 上绘制 70×14 的矩形，并将填充色设置为#FFFFFF，如图 7-25 所示（见图形文件"7-1"）。

（3）单击状态面板中右上角的 ≡ 按钮，在弹出的菜单中选择"重制状态"命令，如图 7-26 所示，并在状态 2 中将矩形的透明度设置为 50%。再重制一个新的状态，在状态 3 中将矩形的透明度设置为 100%。

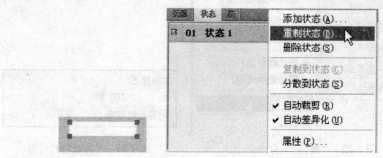

图 7-25　矩形　　　　　　　图 7-26　"重制状态"命令

（4）再重制一个新的状态，在状态 4 中输入文字"搜狐"，并将字体设置为宋体和粗体，将大小设置为 12，如图 7-27 所示。在该状态中将"状态延迟"设置为 50。

（5）再重制一个新的状态，在状态 5 中画一直线，将宽和高设置为 70 和 1，将笔触颜色设置为黑色，如图 7-28 所示。在该状态中将"状态延迟"设置为 50。

（6）再重制三个新的状态，在状态 6 中绘制 70×10 的矩形，其他设置参照步骤（2）和步骤（3），如图 7-29 所示。

（7）再重制一个新的状态，在状态 9 中输入文字"www.sohu.com"，并将字体设置为宋体和粗体，将大小设置为 10。在该状态中将"状态延迟"设置为 150，效果如图 7-30所示。至此，Logo 制作完成。

图 7-27　输入文字　　图 7-28　画直线　　图 7-29　矩形　　图 7-30　效果图

7.3.4　分散到状态生成动画

对于在同一个状态中绘制的多个对象，可以通过分散到状态的操作将指定的对象分散到指定的状态中去。在一个状态里事先绘制好运动物体运动过程中的多个对象，并按照其运动轨迹排列好，然后将这些对象分散到状态，从而完成动画的制作。

项目实例 7-3：制作一对卡通人物送花的动画。

（1）启动 Fireworks CS4，选择"文件"→"新建"命令，弹出"新建文件"对话框，在对话框中将"宽度"和"高度"分别设置为 600 像素和 220 像素。

（2）单击"确定"按钮，新建空白文件。选择"文件"→"导入"命令，弹出"导入"对话框，在对话框中选择文件夹"卡通人物送花"中的图形文件"1"，单击"打开"按钮，导入图形文件。再次导入图形文件"2"。选中导入的图像，使用工具箱中的"选择"工具调整其位置，如图 7-31 所示。

图 7-31　人物位置

（3）选择"窗口"→"层"命令，打开"层"面板，在面板中单击右上角的 按钮，在弹出的菜单中选择"在状态中共享层"命令。

（4）在"层"面板中单击"新建/重制层"按钮，新建层，如图 7-32 所示。

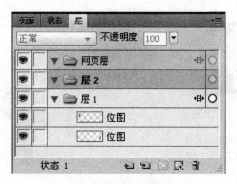

图 7-32　"层"面板

（5）在新建的层中导入图形文件"3"，并移动到合适的位置。选中导入的图像，按 Alt 键拖动出多个图像，并将其按移动路线排列好，如图 7-33 所示。

图 7-33　移动路线

（6）按住 Shift 键选中所有复制图像，单击"状态"面板底部的"分散到状态"按钮 ，可根据图像的数量自动创建多个状态，并且这些图像按照在"层"面板中的排列顺序分散到相应的状态中，如图 7-34 所示。

117

图 7-34　分散后状态

（7）在"状态"面板中按住 Shift 键选中所有的状态，单击右上角的▤按钮，在弹出的菜单中选择"属性"命令，在"状态延时"文本框中输入合适的数字，效果如图 7-35 所示。

图 7-35　效果图

7.4　利用元件和实例制作动画

7.4.1　创建动画元件

可以从头开始创建动画元件，也可以通过将对象转换为元件来创建动画元件。然后，设置属性以确定动画中的状态数和动作类型（如缩放或旋转）。默认情况下，一个新的动画元件有5个状态，每个状态的延迟时间为 0.07 秒。

创建动画元件的具体操作步骤如下：

（1）选择"编辑"→"插入"→"新建元件"命令或单击"文档库"面板左下角的"新建元件"▣按钮，弹出"转换为元件"对话框。

（2）在"转换为元件"对话框中，输入新元件的名称，选择元件的类型为"动画"，单击"确定"按钮，弹出元件编辑窗口。

（3）在元件编辑窗口中，使用绘图或"文本"工具创建相应的对象。可以绘制矢量对象或位图对象。

（4）在完成对该元件的编辑之后，切换回原来的页面。Fireworks 将元件放入文档库中，并将一个元件实例放在页面的中间位置。

将对象转换为动画元件的具体操作步骤如下：

（1）选择该对象。

（2）选择"修改"→"动画"→"选择动画"命令，弹出"动画"对话框，在对话框中进行相应的设置，如图 7-36 所示，各项参数含义如下：

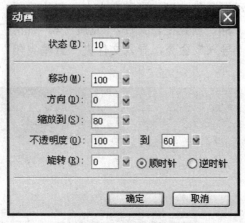

图 7-36 "动画"对话框

① 状态：动画完成包含状态的数目，默认数值为5。

② 移动：动画过程中对象移动的距离，设置范围为0～250，默认值是72像素。

③ 方向：用于设置动画过程中对象移动的方向，设置范围为0°～360°，默认值是0°。

④ 缩放到：用于设置从开始到结束对象尺寸的缩放比率，设置范围为0～250，默认值是100%。

⑤ 不透明度：用于设置动画过程中对象不透明度的变化，设置范围为0～100，默认值是100%。

⑥ 旋转：用于设置对象的旋转动作，设置范围为0°～360°，默认值是0°。

（3）单击"确定"按钮，弹出如图 7-37 所示的提示框。

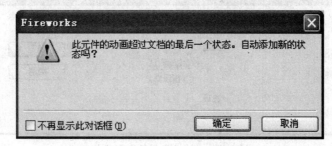

图 7-37 提示框

（4）单击"确定"按钮，在"状态"面板中将为该动画元件自动添加新状态。

7.4.2 编辑动画元件

可以更改动画元件的各种属性，如动画不透明度和旋转。可以使元件显示为旋转、加速、淡入淡出或者是这些属性的任意组合。

状态数是一个关键属性。在设置此属性时，Fireworks会自动将完成该动作所需的状态数添加到文件中。如果元件需要的状态比动画中现有的状态多，Fireworks会询问是否添加额外的状态。

可以使用"动画"对话框或"属性"面板来更改动画属性。

项目实例7-4：创建动画元件，制作野鸭在水上飞翔的动画。

（1）启动 Fireworks CS4，新建空白文件，"宽度"和"高度"分别为500像素和400像素。选择"文件"→"导入"命令，导入文件夹"野鸭飞翔"中的图形文件"1"，如图7-38所示。

图 7-38　导入的图像

（2）选择"窗口"→"层"命令，打开"层"面板，在面板中单击右上角的 按钮，在弹出的菜单中选择"在状态中共享层"命令。

（3）选择"编辑"→"插入"→"新建元件"命令，弹出"转换为元件"对话框，如图7-39所示。

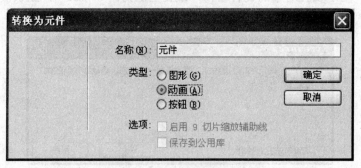

图 7-39　"转换为元件"对话框

（4）在"转换为元件"对话框中，输入新元件的名称为"野鸭"，选择元件的类型为"动画"，单击"确定"按钮，弹出元件编辑窗口。

（5）在元件编辑窗口中，单击"文件"→"导入"命令，导入图形文件"2"，如图7-40所示。

（6）单击状态面板右下角的 按钮，新建一个状态，再导入图形文件"3"。

120

图7-40　图形文件"2"

（7）依此类推，将4幅图片都导入该元件中，产生多状态连续飞翔的效果。

（8）回到当前页面中，删除已自动添加的动画元件。在层面板中新建"野鸭"层，将"文档库"中的"野鸭"动画元件拖入到页面当前中。

（9）选中"野鸭"动画元件的实例，在"属性"面板中设置状态数为15，其他参数不变，如图7-41和图7-42所示。

图7-41　"属性"面板

图7-42　野鸭飞翔路径

（10）单击文件底部的"播放"按钮 ▷，播放动画。

7.4.3　制作补间动画

"补间"使用了同一元件的两个或更多实例，使用插值属性创建中间的实例。主要绘制关键的状态（包括重大变化的状态），而关键状态之间的状态则由助手来绘制。在Fireworks中，补间动画的关键状态经过编辑后，中间状态是由计算机自动生成的。在生成补间动画的过程中，可以自定义中间状态的数量。

制作补间动画的具体操作步骤如下：

（1）选择画布上同一图形元件的两个或更多的实例。不要选择不同元件的实例。

（2）选择"修改"→"元件"→"补间实例"命令，弹出"补间实例"对话框，如图7-43所示。

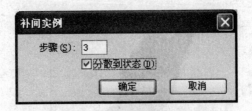

图 7-43 "补间实例"对话框

（3）在"补间实例"对话框中输入要插入的补间步骤的数目，即在两个实例之间插入的实例的个数。

（4）若要将补间对象分散到不同的状态中，请选择"分散到状态"并单击"确定"按钮。

下面通过项目实例具体讲述补间动画和动画元件的制作过程。

项目实例 7-5：制作一张母亲节的电子贺卡。每次过节的时候，大家一定会给自己的亲人和朋友们送上祝福的贺卡。不过不论是邮局里卖的贺卡还是网站上提供的电子贺卡，都是别人做好的，难以体现自己的个性。通过 Fireworks 可以制作能表达自己心意的个性化电子贺卡。

（1）启动 Fireworks CS4，选择"文件"→"新建"命令，弹出"新建文档"对话框，在对话框中将"宽度"和"高度"分别设置为 240 像素和 343 像素，背景色设置为白色。

（2）单击"确定"按钮，新建空白文档。选择"文件"→"导入"命令，弹出"导入"对话框，在对话框中选择文件夹"电子贺卡"中的图形文件"1"，单击"打开"按钮，导入图像。选择"窗口"→"层"命令，打开"层"面板，在面板中单击右上角的 按钮，在弹出的菜单中选择"在状态中共享层"命令。

（3）新建"文字"图形元件：选择"窗口"→"文档库"命令，打开"文档库"面板，单击面板左下角的"新建元件" 按钮，在弹出的"转化为元件"对话框中输入名称为"文字"，设置类型为"图形"，单击"确定"按钮，如图 7-44 所示。

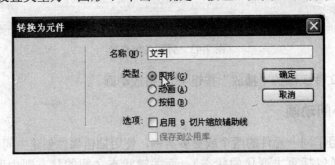

图 7-44 "转化为元件"对话框

（4）在"文字"图形元件中，输入文字"母亲节快乐"，设置字体为"华文新魏"，设置大小为"26"，设置字体颜色为#FF00FF，并在"对齐"面板中将文字设置为水平和垂直居中，完成"文字"图形元件的创建。

（5）返回到当前页面，新建并选中层 2，制作文字从右边到中间再到左边的淡入淡出效果。将"文档库"中的"文字"图形元件分 3 次拖入并放到层 2 中，如图 7-45 所示的位置摆放。

（6）将"文字"元件的 3 个实例在层 2 中的堆叠顺序排列如图 7-46，以保证文字在动画中从右到左的出现顺序。分别选中左侧、右侧元件的实例，在"层"面板中将其不透明度设置成 0。

 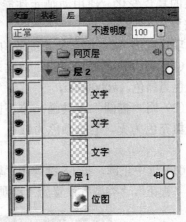

图 7-45　淡入淡出"文字"元件实例摆放位置　　　　图 7-46　"文字"元件实例堆叠顺序

（7）同时选中"文字"元件的 3 个实例，在实例上右击，在弹出的菜单中选择"元件"→"补间实例"命令，在弹出的"补间实例"对话框中输入步骤数为 3，并选中"分散到状态"复选框，如图 7-47 所示，单击"确定"按钮。完成文字淡入淡出补间动画。

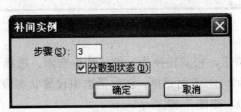

图 7-47　"补间实例"对话框

（8）新建"星星"动画元件：选择"窗口"→"文档库"命令，打开"文档库"面板，单击面板左下角的"新建元件"图按钮，在弹出的"转化为元件"对话框中输入名称为"星星"，设置类型为"动画"，单击"确定"按钮。

（9）在"星星"动画元件中，建立 2 个状态。第 1 个状态中绘制 1 个五角星，填充笔触均为白色，宽度高度均为 15，水平和垂直方向居中。在自动形状属性面板中设置该五角星半径 1 为 17，圆度 1 为 17，半径 2 为 4.3，圆度 2 为 4.3。状态 2 中没有对象。

（10）将"星星"动画元件的多个实例摆放到当前电子贺卡页面的第 1 个状态中，在属性面板中设置状态为 9，形成闪耀的效果。

（11）在"状态"面板中，按住 Shift 键选择所有状态，单击面板右上角的 按钮，在弹出的菜单中选择"属性"命令，再将"状态延迟"设置为 30。单独设置中间状态，即状态 5 的状态延迟为 100。

123

7.4.4 使对象成为动画

要使网页变得更加生动，就要在页面上加入各式各样的小动画效果，如运动速度或透明度的变化。对于动画元件，可以设置它的旋转、移动、加速、淡入淡出及以上效果的复合变化。使用动画元件能够方便地创建动画。下面通过项目实例讲述具体制作过程。

项目实例 7-6：制作礼花绽放的动画。

（1）启动 Fireworks CS4，新建一个文件，设置"宽度"和"高度"都为 300 像素，背景色为黑色（#000000）。

（2）用"椭圆"工具画一个正圆，在"属性"面板中设置宽度和高度均为 10 像素，填充色为无，笔触颜色为红色（#ff0000），笔尖大小为 1，描边种类为"随机"→"点"。

（3）选中正圆，按 F8 键弹出"转换为元件"对话框，在对话框中"名称"文本框中输入"礼花"，"类型"设置为"动画"，如图 7-48 所示。

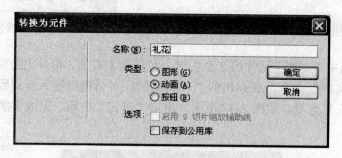

图 7-48 "转换为元件"对话框

（4）单击"确定"按钮，将其转换为元件。选中实例，选择"修改"→"动画"→"选择动画"命令，弹出"动画"对话框，在对话框中设置状态数量为 10，缩放到为 600，不透明度范围为 100 到 0，如图 7-49 所示。

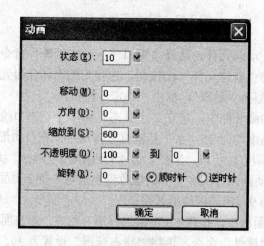

图 7-49 "动画"对话框

124

（5）单击"确定"按钮，弹出如图 7-50 所示的提示框。

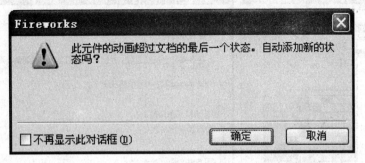

图 7-50　提示框

（6）单击"确定"按钮，在状态面板中为该动画自动添加新状态。

（7）下面继续添加一个绿色的礼花。选中状态 4，将文档库中的"礼花"动画元件拖到页面中，选中实例，在属性面板的滤镜效果中选择"调整颜色"→"颜色填充"，在弹出的对话框中选择绿色。

（8）选择"修改"→"动画"→"选择动画"命令，弹出"动画"对话框。在对话框中设置状态数量为 10，缩放到为 900，不透明度范围为 100 到 0。

（9）用同样的方法可以添加更多的礼花。最终效果如图 7-51 所示（见图形文件"7-2"）。

图 7-51　效果图

7.5　导　出　动　画

动画设计完成后需要将文件导出，而在导出动画前必须进行优化处理。优化的目的是将文件压缩使得生成的动画文件尽可能小，以便提高下载速度。

导出动画的具体操作步骤如下：

（1）选择"文件"→"打开"命令，打开项目实例 7-6 创建的动画。

（2）选择"窗口"→"优化"命令，打开"优化"面板，在面板中的"导入文件格式"下拉列表中选择"GIF 动画"选项，如图 7-52 所示。

（3）选择"文件"→"导出向导"命令，弹出"导出向导"对话框。在对话框中勾选"选择导出格式"单选按钮，如图 7-53 所示。

（4）单击"继续"按钮，在弹出的对话框中单击"GIF 动画"单选按钮，如图 7-54 所示。

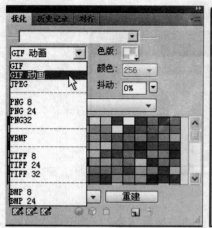
图 7-52 "优化"面板

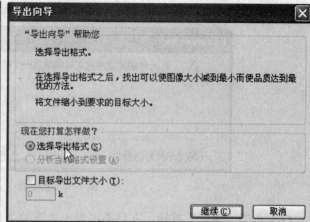
图 7-53 "导出向导"对话框

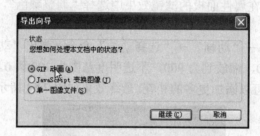
图 7-54 "GIF 动画"单选按钮

（5）单击"继续"按钮，弹出"图像预览"对话框，在对话框中进行相应的设置，如图 7-55 所示。

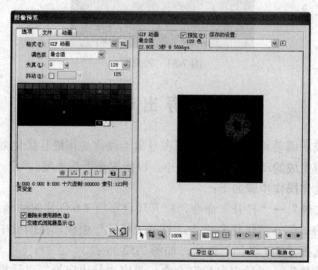
图 7-55 "图像预览"对话框

（6）单击"导出"按钮，弹出"导出"对话框，在对话框中选择保存的位置，在"文件名"文本框中输入文件名，单击"保存"按钮，即可完成动画的导出。

【提示】选择步骤（1）、（2）、（6）为直接导出；选择步骤（1）、（3）、（4）、（5）、（6）为利用"导出向导"导出。

7.6　动画实例制作

项目实例 7-7：制作小兔赛跑的动画影片。主要包括下载进度条、片头（影片名字、制作公司和演员列表等）、影片内容和片尾（鸣谢和协助单位）等元素的制作。通过该项目实例，我们可以掌握动画影片制作的整个流程。

（1）启动 Fireworks CS4，选择"文件"→"新建"命令，弹出"新建文档"对话框，在对话框中将"宽度"和"高度"分别设置为 550 像素和 150 像素，背景色设置为白色。

（2）新建"下载文本"图形元件：选择"窗口"→"文档库"命令，打开"文档库"面板，单击面板左下角的 按钮，在弹出的"转换为元件"对话框中输入名称为"下载文本"，设置类型为"图形"，单击"确定"按钮，如图 7-56 所示。

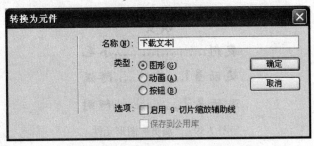

图 7-56　"转换为元件"对话框

（3）在"下载文本"图形元件中，输入文字"正在下载中……"，设置字体为"华文新魏"，设置大小为"20"，设置字体颜色为黑色，并在"对齐"面板中将文字设置为水平和垂直居中。

（4）按照步骤（2）的方法新建"矩形"图形元件。在该元件中画一个 36×35 的矩形，设置填充色为#316AC5，设置笔触颜色为无，并在"对齐"面板中将矩形设置为水平和垂直居中。

（5）新建"Loading"动画元件。将"文档库"中的"下载文本"元件拖入该元件中，并设置为"在状态中共享层"。

（6）在"Loading"元件中新建一个层，将"文档库"中的"矩形"元件拖入该层中，复制一个矩形并将其长度设置为原来的 10 倍，如图 7-57 所示。

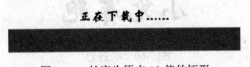

图 7-57　长度为原来 10 倍的矩形

（7）在"Loading"元件中，同时选中"矩形"元件的两个实例，在实例上右击，在弹出的菜单中选择"元件"→"补间实例"命令，在弹出的"补间实例"对话框中输入步骤数为 8，并选中"分散到状态"复选框，单击"确定"按钮，如图 7-58 所示。

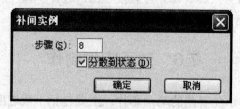

图 7-58 "补间实例"对话框

（8）新建"影片名字"图形元件，输入文字"小兔赛跑"，设置字体为"华文新魏"，设置大小为"50"，设置字体颜色为黑色，并在"对齐"面板中将文字设置为水平和垂直居中。

（9）新建"演员" 图形元件，输入演员名字，设置字体为"华文新魏"，设置大小为"20"，设置字体颜色为黑色，并在"对齐"面板中将文字设置为水平和垂直居中，如图 7-59 所示。

图 7-59 "演员"图形元件

（10）新建"谢谢欣赏" 图形元件，输入文字"谢谢欣赏"，设置字体为"华文新魏"，设置大小为"50"，设置字体颜色为黑色，并在"对齐"面板中将文字设置为水平和垂直居中。

（11）新建"小兔"动画元件，导入图形文件"1"，再建一个状态，导入图形文件"2"。

（12）依此类推，将 10 幅图片都导入该元件中，产生多状态连续奔跑的效果。

（13）回到页面 1 中，在层面板中新建"Loading"层，将"文档库"中的"Loading"动画元件拖入该层。选中状态 10，单击右上角的██按钮，在弹出的菜单中选择"属性"命令，然后将"状态延时"设置为 100。

（14）在层面板中新建"影片名字"层，在"状态"面板中新建状态 11，将"文档库"中的"影片名字"元件拖入到状态 11 中，如图 7-60 所示。

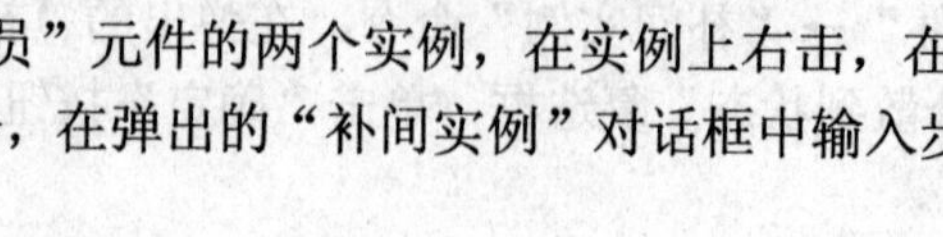

小兔赛跑

图 7-60 状态 11

（15）在层面板中新建"演员列表"层，在"状态"面板中新建状态 12，将"文档库"中的"演员"元件分两次拖入状态 12 中，位置如图 7-61 所示。

（16）同时选中"演员"元件的两个实例，在实例上右击，在弹出的菜单中选择"元件"→"补间实例"命令，在弹出的"补间实例"对话框中输入步骤数为 3，并选中"分

运动员2................阿财

演员
裁判..................小毛

图 7-61　两个"演员"实例位置

散到状态"复选框，单击"确定"按钮，产生演员名字由下向上滚动的效果。将状态 12，13，15 和 16 的"状态延时"设置为 30。

（17）在"状态"面板中新建状态 17，在层面板中新建"跑道"层，将"状态延时"设置为 100，画一个 550×150 的矩形，设置填充色为#B0351C，设置笔触颜色为无，并在"对齐"面板中将矩形设置为水平和垂直居中。用"直线"工具画几条颜色为白色、笔尖大小为 2 的直线以构成跑道。在层面板中新建"裁判"层，在该层中导入裁判图片，效果如图 7-62 所示。

图 7-62　效果图

（18）在层面板中新建 "小兔"层，选中状态 17，将"文档库"中的"小兔"动画元件拖入到该状态中。选中"小兔"动画元件的实例，在层面板中将其命名为小兔 1，在属性面板中设置状态数为 18，其他参数不变，如图 7-63 和图 7-64 所示。

图 7-63　属性面板

图 7-64　小兔 1 运动路径

（19）选中"小兔"动画元件的实例，按 Ctrl+Shift+D 复制一只小兔，在层面板中将其命名为小兔 2，选中小兔 2，在属性面板中设置状态数为 20，其他参数不变。最终层面板结构如图 7-65 所示。

图 7-65 "层"面板结构

（20）选中状态 17 中的矩形、跑道和裁判，将其复制到从状态 18 开始的所有状态中。选中状态 18 至状态 35 的所有状态，将"状态延时"设置为 7。由于小兔 1 跑得快（设置时少两个状态），在状态 35 和状态 36 中没有小兔出现，所以在最后两个状态中导入图形文件"1"，缩放至 50%，将其放到小兔 1 的跑道的终点线上，如图 7-66 所示。

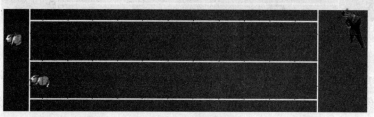

图 7-66 效果图

本 章 小 结

本章从动画的基本原理出发，详细介绍了网页动画的制作方法，使读者对动画的基础知识有一个全面的了解。同时提供 7 个项目实例，详细地讲解了网站 Logo、网络广告、电子贺卡和动画影片等的制作过程。最后通过一个综合的项目实例，将各种类型的动画结合在一起，全面巩固所学知识，做到理论与实践相结合，便于读者掌握。

技 能 训 练

1. 单项选择题

（1）Fireworks 中状态的默认间隔时间是多少？（　　）

    A. 十分之一秒　　　　　　　　　　B. 百分之七秒

    C. 百分之二十秒　　　　　　　　　D. 一秒

130

（2）Fireworks 源文件共有 3 个状态，要将该文件输出动画，在"导出预览"对话框中必须选择哪种格式？（　　）

      A. GIF   B. GIF 动画片   C. PNG   D. BMP

（3）在动画制作过程中，洋葱皮的作用是？（　　）

      A. 制作半透明效果

      B. 制作重影

      C. 在制作过程中显示多个状态，以便调整对象在每一状态中的位置

      D. 控制动画的速度

（4）将图片转换为元件的快捷键是？（　　）

      A. F6   B. F7   C. F8   D. F9

2. 实践训练

根据课堂上所讲的项目实例及相关知识，制作一个网站 Logo 和网络广告。

3. 职岗演练

参考综合项目实例，构思制作一个简单的产品宣传广告。

第8章 切片、热点和行为

【应知目标】

1. 了解切片的作用。
2. 了解热点的作用。
3. 了解行为（图像变换）的概念。

【应会目标】

1. 掌握"切片"工具的使用。
2. 掌握"热点"工具的使用。
3. 掌握利用行为实现网页图像变换的制作方法。

【预备知识】

1. 了解网络数据传输的基本原理。
2. 了解 HTML 的概念和语法。
3. 掌握利用 Fireworks CS4 制作图像的基本方法。
4. 掌握状态面板的使用方法。
5. 了解 JavaScript 脚本语言。

【提示】1、2、5 对深入了解切片、热点和行为的基本原理很有帮助。如果仅从操作的角度考虑，可以不做要求。

切片和热点是 Fireworks 实现图像网页功能的重要元素。通过"切片"工具和"热点"工具为图像设置链接区域，可以实现对其他页面的访问。因此"切片"或"热点"区域又被称为链接区域。它们不是以图像的形式存在，而是在图像导出成网页格式后，以 HTML 代码的形式出现。

用户在浏览网页时，总是希望它尽可能快地呈现在眼前，减少等待的时间。仔细分析网页信息的构成，其中包含文字、图像、动画和声音等。为了网页设计效果的需要，我们常常会用到一些尺寸较大的图像，使得网页的信息量激增。因此网页中图像在互联网上传播的方式在很大程度上决定了网页的下载速度。通过 Fireworks 的"切片"工具，将大尺寸的图片分割成许多小图片后并发下载，可以大大加快下载的速度。这个过程对于浏览网页的用户是完全透明的，因为分割的图片在他们的浏览器里会按照既定的 HTML 代码重新拼接成原来的大图片，用户根本感觉不到小图片的存在。

切片和热点还可以增加网页图像的交互性。利用"行为"这种 Fireworks 内置的 JavaScript 脚本语言库，我们不需要编写任何程序代码，就能够制作出丰富的图片变换效果。

132

8.1　图像的切片

切片具有三个主要优点：优化图像以获得最快的下载速度；增加交互性使图像能够快速响应鼠标事件；易于更新适用于经常更改的网页部分，避免无谓的全盘改动。本节我们学习切片的使用方法。

8.1.1　"切片"工具

在工具箱面板的 Web 工具组中，我们可以找到"切片"工具，利用它就可以在图像上放置矩形切片。

项目实例 8-1：在图像中设置矩形切片。

方法一　利用"切片"工具绘制矩形切片。

（1）启动 Fireworks CS4，打开图形文件"8-1"。

（2）选择"切片"工具，使用它在图片中塔的位置拖动绘制出矩形切片，如图 8-1 所示。

图 8-1　使用"矩形切片"工具

（3）切片在默认情况下呈现浅绿色，四条边的红色延伸线构成切片辅助线，将整幅图片分割成 5 幅小图。

（4）添加的切片会显示在层面板的网页层中。

方法二　基于所选对象创建切片。

（1）启动 Fireworks CS4，打开图形文件"8-1"。

（2）将图中的塔用"选取框"工具选中，单击鼠标右键，在弹出菜单中执行"插入切片"建立切片，如图 8-2 所示。

（3）也可以选择菜单中的"编辑"→"插入"→"矩形切片"命令，效果同步骤（2）。

（4）如果要在矢量图像中选择路径对象放置切片，只需要简单地选中该对象，再执行插入切片的有关命令就可以了。

（5）方法二会自动按照选中对象的形状绘制切片，操作起来更加方便快捷。

图 8-2 使用"插入切片"命令

8.1.2 "多边形切片"工具

切片工具组中的另一个图片切割工具是"多边形切片"工具，使用它可以得到复杂形状的切片。在尝试将交互性附加到非矩形图像时，多边形切片非常有用。

项目实例 8-2：在图像中设置多边形切片。

（1）启动 Fireworks CS4，打开图形文件"8-2"。

（2）选择"多边形切片"工具 ，沿着美羊羊的身体轮廓绘制切片。因为"多边形切片"工具绘制直线段，所以单击以放置多边形的矢量点。当在具有柔边的对象周围绘制多边形切片对象时，请包括整个对象以免在切片图形中创建多余的实边。

（3）绘制完成不必单击第一个点来关闭多边形，如图 8-3 所示。

图 8-3 使用"多边形切片"工具

（4）也可以采用与项目实例 8-1 中方法二相似的方法来设置多边形切片。

（5）多边形切片的使用方式有点类似于"钢笔"工具。与矩形切片相比，使用多边

134

形切片会增加浏览器的处理时间。

【提示】可以像移动矢量矩形的边一样移动矩形切片辅助线，以改变切片的大小。与编辑路径中的节点相似，切片的节点可以使用"指针"工具、"部分选定"工具和"变形"工具进行移动，从而改变切片的形状。此外，切片与辅助线、网格一样不是图像自身的组成部分。

8.1.3 设置切片属性

我们可以通过工具箱"切片"工具下方的"隐藏切片和热点"按钮 回 及"显示切片和热点"按钮 回 来切换画布里所有切片的显示。因为切片始终处于它所覆盖的图片对象上方，为了方便对图片对象进行编辑，隐藏切片的操作是必要的。我们也可以在层面板的网页层像操作其他图形对象一样设置切片的显示和隐藏。

使用"指针"工具选择切片，当前被选中的切片中心位置出现 图标，在属性面板中呈现它的属性，如图 8-4 所示。

图 8-4　切片的属性

① "类型"：其后面的颜色选择框 ，为改变切片的半透明颜色。

② "链接"：为切片指定超链接的网页地址，用户可通过在其 Web 浏览器中单击切片所定义的区域来定位到该地址。如果切片要链接到当前文件包含的其他页面，使用"链接"弹出菜单选择其中一个页面。导出页面之后，此链接自动将用户带入指定页面。

③ "替代"：在其中输入图片的说明文字，当用户光标停留在网页切片上时会出现该说明。

④ "目标"：在其中打开链接文档的替换网页状态或网页浏览器。可以选择：

_blank 将链接文档加载到一个新的未命名浏览器窗口中。

_parent 将链接的文档加载到包含该链接状态的父状态集或窗口中。如果包含链接的状态不是嵌套的，则链接文档会加载到整个浏览器窗口中。

_self 将链接的文档加载到链接所在的同一状态或窗口中。由于此目标是默认的，因此通常不需要指定它。

_top 将链接的文档加载到整个浏览器窗口中，从而删除所有状态。

⑤ ：设置切片导出文件的优化，详细说明参考第 10 章"优化、导出和集成"。

【提示】在"链接"中输入的网页地址必须带 http://，如 http://www.zjtie.edu.cn，而不能仅有 www.zjtie.edu.cn。

8.2　图像的热点

网页设计人员可以使用热点来使较大图形中的各个小部分产生交互，并将网页图形的区域链接到其他网页。如果希望图像的某些区域链接到其他网页，但不需要这些区域在导出时被分割为小图片，就像切片所作的那样，则使用热点是理想的解决方案。

8.2.1 设置热点

热点可以是矩形、圆形或多边形。在处理复杂的图像时，多边形非常有用。与切片的设置一样，我们既可以使用工具箱中的"矩形热点"工具 、"圆形热点"工具 和"多边形热点"工具 设置不同形状的热点，也可以选择类似项目实例 8-1 方法二的办法来设置热点。

项目实例 8-3：在图像中分别设置三种热点。

（1）启动 Fireworks CS4，打开图形文件"8-3"。

（2）使用"矩形热点"工具在狗的周围拖动出矩形热点区域，如图 8-5 所示。

（3）使用"圆形热点"工具在狗的周围拖动出圆形热点区域，如图 8-6 所示。

（4）使用"多边形热点"工具在狗的周围逐节点绘制出多边形热点区域，如图 8-7 所示。

图 8-5　矩形热点区域　　　　图 8-6　圆形热点区域　　　　图 8-7　多边形热点区域

（5）当图形导出后在浏览器中被用户单击时，热点区域即可打开链接页面。

8.2.2 设置热点属性

设置热点属性和设置切片属性类同，在热点的属性面板完成，如图 8-8 所示。"隐藏切片和热点"按钮 及"显示切片和热点"按钮 可以切换画布里所有热点的显示。

图 8-8　设置热点属性

8.3　使用行为

行为由事件和动作组成，Fireworks 中事件主要指鼠标操作的事件，有以下四种：

（1）onMouseOver 在鼠标滑过某区域时。

（2）onMouseOut 在鼠标离开某区域时。

（3）onClick 在鼠标单击某对象时。

（4）onLoad 在载入网页时。

动作由当前事件触发，是对当前事件的响应。行为是网页对象如切片、热点等的属性，可以实现许多复杂的图像交互效果。Fireworks 能够创建的行为有简单变换图像、交换图像、导航栏、弹出菜单和状态栏文本等。本节将介绍这些行为的制作方法，其中导航栏和弹出菜单在第 9 章"导航按钮和弹出菜单"中讲述。

8.3.1　简单变换图像

当用户浏览网页时，鼠标指针滑过一个图形，该图形变化成另一个图像，这就是简单变换图像具有的功能，对应的事件是 onMouseOver。该行为有两个状态，"弹起"和"滑过"。

项目实例 8-4： 简单变换图像实现宝宝表情变化。

（1）启动 Fireworks CS4，打开文件夹"宝宝"中图形文件"搞怪宝宝"。

（2）选中整幅位图，在其上创建切片。

（3）选中切片，注意到在切片的中心出现 ⊕ 图标，它称为行为手柄。展开行为面板，这时的行为面板还没有添加行为。鼠标单击行为手柄，出现行为选择弹出菜单，如图 8-9 所示。

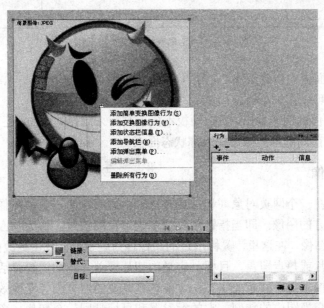

图 8-9　准备添加行为

（4）单击弹出菜单的第一栏"添加简单变换图像行为"，在行为面板里出现对应的行为，如图 8-10 所示。

（5）双击行为面板里的简单变换图像行为，弹出的窗口提示我们下一步的操作，如图 8-11 所示。

（6）根据提示，通过两个状态实现图像的简单变换，其中有且仅有两个状态，对应切换的两幅图像。"弹起"状态 1 就是我们已经打开的图片"搞怪宝宝"。因此，还要在"滑过"状态 2 中放入需要变换的图片"爱哭宝宝"。

137

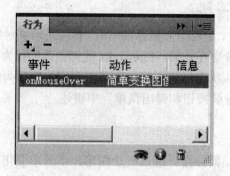

图 8-10　对应的行为

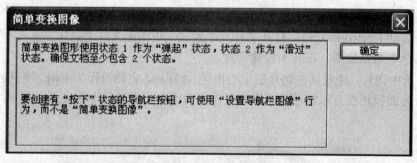

图 8-11　"简单变换图像"提示框

（7）在状态面板中新建状态 2，导入位图"爱哭宝宝"。

（8）按 F12 可以在浏览器中预览最终效果。

【提示】从上面的例子看出，状态面板不仅仅是用来制作动画的，还可以有其他应用。这应该是 CS4 把前期版本的帧面板改称状态面板的一个原因。

8.3.2　交换图像

当鼠标指针在一个网页对象（切片或热点）上方滚动时，交换图像交换另一个网页对象（切片）下方的图像。即当指针滑过或单击一个图像时，作为响应，在网页的另一个位置出现一个图像。在这里，鼠标滑过的图像称为触发器；发生更改的图像称为目标。触发器可以由切片或热点覆盖，目标一定是由切片覆盖。我们需要灵活设置触发器、目标切片，以及交换图像所驻留的状态，才能达到需要的网页图像变换效果。前面讨论的简单变换图像是交换图像的特例，它的触发器和目标是同一个切片，变换图像处于相同的位置。

项目实例8-5："可爱的动物"，当鼠标移动到任意一个小动物标志时，中心图片会显示该动物的大图。

（1）启动 Fireworks CS4，新建文档，画布大小为 800×600，浅绿色（#DBFFD2）。

（2）单击工具箱中的"文本"工具**T**，添加文本"可爱的动物"，设置字体为方正舒体，大小为 60，填充颜色为红色，笔触颜色为黄色。

（3）分别导入"动物园标志"、"大象标志"、"狗标志"、"树袋熊标志"、"北极熊标志"和"土拨鼠标志"，放置在指定位置。

（4）按住 Shift 键，同时选取 6 个动物标志，执行"编辑"→"插入" →"矩形切片"命令，在弹出的对话框中单击"多重"按钮，得到如图 8-12 所示的效果。

图 8-12　动物标志、文本和切片

（5）选取大象标志所在的切片，单击该切片的行为手柄，即切片中心白色小圆，从弹出菜单中选择"添加交换图像行为"。释放鼠标，弹出"交换图像"对话框，如图 8-13 所示。

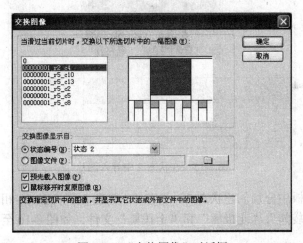

图 8-13　"交换图像"对话框

（6）图中"当前切片"指触发器切片，即覆盖大象标志的切片。"交换以下所选切片"指目的切片，根据要求应该选 r2_c4，即选中的蓝色中心切片。

（7）交换图像显示自状态编号：状态 2，表示目的切片所在区域变换的图像来自状态 2。单击"确定"按钮，在触发器切片对应的行为面板上出现交换图像行为，如图 8-14 所示。因为在鼠标滑过该区域时触发图片交换，所以事件就是 onMouseOver，不做变动。注意在触发器切片和目的切片间出现一条蓝色行为线。

（8）打开状态面板，单击"新建/重制状态"按钮，新建状态 2，选取状态 2，在目的切片区导入"大象"文件，如图 8-15 所示。

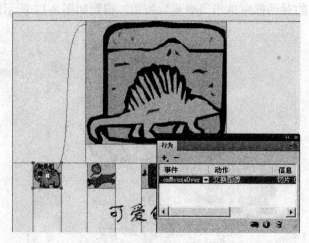

图 8-14　行为面板的变化

图 8-15　在状态 2 中导入图片

（9）在状态面板中分别创建状态 3、状态 4、状态 5 和状态 6，相应地在中心切片位置导入"狗"、"树袋熊"、"北极熊"和"土拨鼠"文件，如图 8-16 至图 8-19 所示。

图 8-16　在状态 3 中导入图片

图 8-17　在状态 4 中导入图片

图 8-18　在状态 5 中导入图片　　　　图 8-19　在状态 6 中导入图片

（10）分别单击这 4 个动物标志上的切片，在它们的切片面板中建立与中心切片的交换图像，并设置交换图像源为状态 3、状态 4、状态 5 和状态 6，得到图 8-20 的效果。

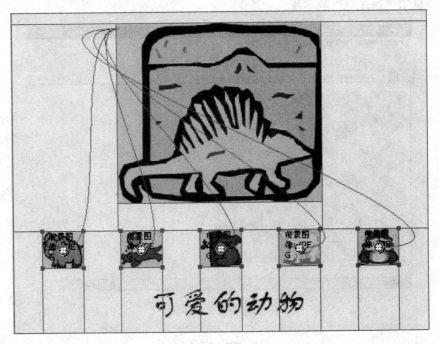

图 8-20　将切片用行为线连接

（11）按 F12 键在浏览器中预览，当光标移动到各个动物标志时，中心区域会出现对应的大图，实现了图像的交换效果。

【提示】本例中 5 个动物标志处的切片，也就是触发器切片可以用热点来代替。另外，蓝色行为线亦可以通过从触发器拖动行为手柄到目的切片的方法来建立，这样更加便捷。

8.3.3　状态栏文本

当鼠标指向某个链接时，在浏览器的底部状态栏会显示该链接指向的路径。我们也可以将它设置为一行说明文字，这是通过状态栏文本的制作实现的。

项目实例 8-6：制作状态栏文本。

（1）启动 Fireworks CS4，打开文件夹"地图"中图形文件"地图"。

（2）在画布中沿着浙江省的疆域放置多边形切片。

（3）在行为面板上单击"+"按钮，在弹出菜单中选择"设置状态栏文本"命令，如图 8-21 所示。在消息中输入状态栏文本"浙江省"，单击"确定"按钮完成操作。

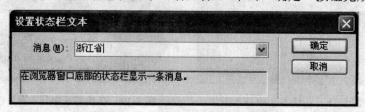

图 8-21　"设置状态栏文本"对话框

（4）按 F12 键在浏览器中预览，如图 8-22 所示。当鼠标移动到浙江省区域时，在状态栏中显示"浙江省"的字样。

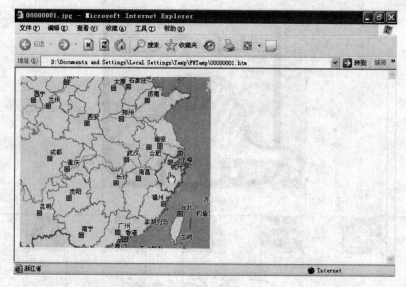

图 8-22　显示状态栏文本

本 章 小 结

本章主要讲解了切片、热点以及网页变换图像的原理和制作过程，是体现 Fireworks 网页图像设计的重要内容。通过 6 个项目实例的学习，首先需要明确切片和热点的基本功能是完成图像在网页之间的超链接。在此基础上，利用切片分割图形的能力，大大加快了下载图像的速度。行为的制作是本章的难点，为了创作丰富多彩的图像变换效果，除了熟练地使用切片、热点和行为面板之外，增加上机操作时间，培养良好的创作习惯，都是必备的条件。

本章没有涉及切片、热点和行为的导出。将 Fireworks 中制作的半成品放到 Dreamweaver 里再加工或者直接在浏览器中使用，是导出的主要目的。这部分内容将在后续章节讲述。

技 能 训 练

1. 多项选择题

（1）热点的种类包含（　　　）。

　　A. 矩形热点　　　　B. 圆形热点　　　　C. 多边形热点　　　　D. 星形热点

（2）切片的优点有（　　　）。

　　A. 优化图像　　　　B. 增加交互性　　　C. 分割图像　　　　D. 易于更新

（3）在行为制作过程中，能够作为触发器的是（　　　）。

　　A. 热点　　　　　　B. 切片　　　　　　C. 按钮　　　　　　D. 智能辅助线

2. 实践训练

根据课堂讲解的项目实例及给定素材，制作如图 8-23～图 8-26 所示的 4 状态导航栏效果（见文件夹"实践训练"）。

图 8-23　状态 1　　　　　　　　　　　　　　图 8-24　状态 2

图 8-25　状态 3　　　　　　　　　　　　　　图 8-26　状态 4

3. 职岗演练

参考实践训练，自行查找素材制作导航栏效果。

第9章 导航按钮和弹出菜单

【应知目标】

1. 了解按钮在网页制作中的作用。
2. 熟悉按钮元件及其实例。
3. 了解导航栏在网页制作中的作用。
4. 熟悉弹出菜单在网页制作中的作用。

【应会目标】

1. 掌握按钮元件的制作。
2. 掌握按钮实例的修改。
3. 掌握导航栏的制作。
4. 掌握弹出菜单的制作。

【预备知识】

1. 了解元件的概念。
2. 掌握元件的制作方法。
3. 熟悉文档库面板的使用。
4. 掌握滤镜效果的使用。
5. 熟悉对齐面板的使用。

为了使网页更为生动、美观，常常需要在网页中添加各种各样的按钮，这些按钮的最大特点就是具有交互性，如有的可以随着鼠标指针位置的改变而改变颜色或形状等，以吸引用户的注意。导航栏实际上就是一组按钮，通过这些按钮定位到网页的不同区域，另外还可以利用按钮制作弹出菜单。

Fireworks CS4 具有强大的按钮制作功能，利用 Fireworks CS4 不仅可以轻松制作出具有各种效果的动态按钮，还能给按钮添加超级链接等网页元素。

在导出制作完成的按钮、导航栏和弹出菜单时，Fireworks CS4 会自动生成 CSS 代码或 JavaScript 代码，将其剪切后可粘贴至 CSS 文件或 HTML 文件中。本章将介绍按钮元件的制作、导航栏的制作和弹出菜单的制作等内容。

9.1 按 钮 元 件

按钮是网页中的元素之一，在网页中发挥着重要的作用：一是起到提示性的作用，用提示性的文本或者图形来告诉用户单击后会打开什么内容的网页；二是动态响应的作用，即用户用鼠标进行不同操作时，按钮就会呈现出不同的效果。

9.1.1　新建按钮

项目实例9-1：为公司网站新建一组按钮。

在文档中新建一个按钮，具体操作步骤如下：

新建一个 Fireworks 文档，单击"编辑"菜单，在弹出的下拉菜单中选择"插入"→"新建按钮"命令或右击画布的空白处，在弹出的快捷菜单中选择"插入新按钮"命令，就进入"按钮"的编辑模式，如图9-1所示。其中的"+"号表示按钮的中心位置，虚线为辅助线。

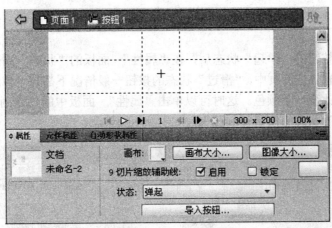

图9-1　"按钮"编辑模式

9.1.2　编辑按钮

按钮最多可具有四种不同的状态，表示按钮在响应鼠标事件时的外观。这四种状态分别是"弹起"、"滑过"、"按下"和"按下时滑过"。编辑按钮首先要编辑按钮的几个状态。

编辑项目实例9-1的按钮，具体操作步骤如下：

（1）新建按钮之后便会进入"按钮"的编辑模式，在"属性"面板的"状态"列表框中选择相应的状态进行编辑，如图9-2所示。其中4种状态的含义如下：

① "弹起"状态是指按钮的默认外观或鼠标尚未接触按钮时的外观。

② "滑过"状态是指当指针置于按钮上时按钮的外观。

③ "按下"状态是指按钮被单击后的外观。

④ "按下时滑过"状态是指按钮被单击后，光标再一次置于该按钮上时按钮的外观。

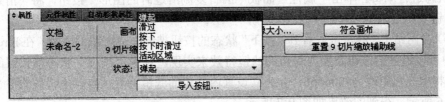

图9-2　"属性"面板中的"状态"列表框

在"属性"面板的"状态"列表框中还有"活动区域"选项，它表示按钮对鼠标的反应区域。一般情况下，只要编辑了按钮的前几个状态，活动区域不需要用户再设置，Fireworks 会自动设置。

（2）在按钮的编辑模式中编辑按钮弹起时的状态。使用"圆角矩形"工具在工作区内绘制一个矩形，并设置填充色为#4369AE。使用"文本"工具在圆角矩形中央输入文本"首 页"，并设置字体为黑体，颜色为#FFFFFF，大小为20。同时选中圆角矩形和文字，利用"对齐"面板使其位于文档的正中间，最终效果如图 9-3 所示。

图 9-3 "弹起"状态的按钮

（3）编辑完按钮的"弹起"状态后，在"属性" 面板的"状态"列表框中选择"滑过"状态进行编辑。在网页中，"滑过"状态的按钮一般情况下都与"弹起"状态的按钮外形相同，只是改变一下颜色。这时可以单击"属性" 面板中的"复制弹起时的图形"按钮，将"弹起"状态的按钮复制过来，如图 9-4 所示。

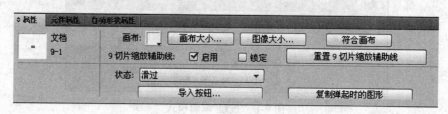

图 9-4 "属性"面板中的"复制弹起时的图形"按钮

（4）选中"滑过"状态的按钮的圆角矩形，将填充色更改为#0099CC，效果如图 9-5 所示。如果需要可以更改按钮文字的颜色，从而达到改变按钮色彩的效果。这里具体使用什么颜色并不是一成不变的，可以根据自己的需要和爱好来选择。

图 9-5 "滑过"状态的按钮

（5）编辑完按钮的"滑过"状态后，在"属性"面板的"状态"列表框中选择"按下" 状态进行编辑。单击"属性"面板中的"复制滑过时的图形"按钮，将"滑过"状态的按钮复制过来。

（6）在网站上，经常可以看到"按下"状态的按钮被制作成凹陷的效果，在 Fireworks CS4 中可以通过给按钮添加内斜角的滤镜特效来实现。选中"按下"状态的按钮的圆角矩形，将填充色更改为#006666，并为其设置内斜角的滤镜特效，内斜角特效的参数设置如图 9-6 所示，得到的效果如图 9-7 所示。

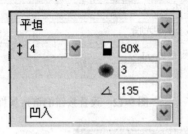

图 9-6　内斜角的参数设置　　　图 9-7　"按下"状态的按钮

（7）编辑完按钮的"按下"状态后，在"属性"面板的"状态"列表框中选择"按下时滑过"状态进行编辑。单击"属性"面板中的"复制按下时的图形"按钮，将"按下"状态的按钮复制过来。

（8）选中"按下时滑过"状态的按钮的圆角矩形，在"属性"面板中删除其内斜角特效，如图 9-8 所示，并可适当修改其填充色，最终效果如图 9-9 所示。

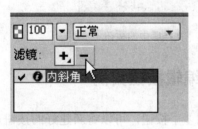

图 9-8　删除其内斜角特效　　　图 9-9　按钮最终效果

（9）编辑完按钮的"按下时滑过"状态后，在"属性" 面板的"状态"列表框中选择"活动区域"选项，然后选中"自动设置活动区域"复选框，活动区域将被自动设置为画布中有图形存在的区域，如图 9-10 所示。如果取消"自动设置活动区域"复选框的选择，则可以自行设置有效区域，只需使用"切片"工具在按钮上拖动出一个矩形区域即可。

图 9-10　"自动设置活动区域"复选框

（10）单击选中有效区域的切片，如图 9-11 所示，可以在"属性"面板中设置按钮的链接属性，如图 9-12 所示。在"链接"列表框中输入 URL 地址；在"替代"文本框中输入按钮的说明性文字，这样当光标移动到活动区域上时，将会出现这些说明性的文字；在"目标"下拉列表框中选择链接文件打开的位置。

至此，按钮的编辑操作基本完成，创建的按钮出现在文档库中，如图 9-13 所示。

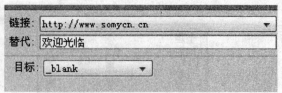

图 9-11　有效区域的切片　　　　　　　图 9-12　设置按钮的链接属性

图 9-13　文档库中的按钮

9.2　编辑按钮实例

在一个网页的导航条中往往要用到多个按钮，可以将新建好的按钮从文档库中拖动到网页当中，拖动一次，即可产生按钮的一个实例。我们可以根据需要对按钮的实例进行编辑。

9.2.1　更改按钮实例的文字

网页导航条中按钮的外观基本上都是相同的，只是按钮上的文字有所不同。我们可以对按钮实例上的文字进行修改。

将项目实例 9-1 中新建的按钮从文档库中拖动到当前页面中，即可产生按钮的一个实例。这时可以在"属性"面板中看到按钮的文本，如图 9-14 所示，由于第一个按钮的文本本身就是首页，所以不需要修改。再次将新建的按钮从文档库中拖动到当前页面中，即可产生按钮的第二个实例，在"属性"面板中将文本更改为公司概况，如图 9-15 所示。

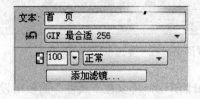

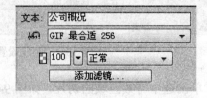

图 9-14　按钮实例上的文本　　　　　　图 9-15　更改后按钮实例上的文本

再进行相同的操作即可完成项目实例 9-1 的更改文字的操作，效果如图 9-16 所示（见图形文件"9-1"）。

148

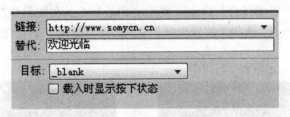

| 首 页 | 公司概况 | 公司业务 | 行业资讯 | 企业文化 | 诚聘英才 |

图 9-16　效果图

9.2.2　更改按钮实例的链接

在"属性"面板中还可以更改按钮实例的链接。选中项目实例 9-1 的"公司概况"的按钮实例之后，在"链接"列表框中输入相应的 URL 地址；在"替代"文本框中输入按钮的说明性文字；在"目标"下拉列表框中选择链接文件打开的位置，如图 9-17 所示。

链接:	http://www.somycn.cn	▼
替代:	欢迎光临	
目标:	_blank	▼
□ 载入时显示按下状态		

图 9-17　更改按钮实例的链接

再进行相同的操作即可完成项目实例 9-1 的更改链接的操作。按 F12 键，在浏览器中预览，最终效果如图 9-16 所示。至此完成了项目实例 9-1 的全部操作。

9.3　创建导航栏

导航栏，是指网页中提供与不同网页或网站链接的一组按钮，它们的外观基本相同，只是它们的文字和链接不同罢了。导航栏通常出现在网站的大多数网页中，不管用户在网站上的什么位置，都能依靠导航栏到达希望到达的地方。

创建导航栏一般是先创建一个按钮，然后将新建好的按钮从文档库中重复拖动到文档中，即可产生按钮的多个实例，再通过更改按钮实例上的文字和链接等属性就可以完成。

项目实例 9-2：为娱乐网站创建一个如图 9-18 所示的导航栏（见图形文件"9-2"）。

图 9-18　导航栏效果图

为娱乐网站创建导航栏具体的操作步骤如下：

（1）新建一个大小为 740×400 像素的文档，背景色设置为白色。单击"编辑"菜单，在弹出的下拉菜单中选择"插入"→"新建按钮"命令，进入"按钮"的编辑模式。

（2）在按钮的编辑模式中编辑按钮弹起时的状态。使用"圆角矩形"工具在工作区内绘制一个边框为一个像素的矩形，如图 9-19 所示，并设置填充类型为线性渐变，渐变颜色如图 9-20 所示，其中从左至右颜色依次为#000000 和#949694。当然，颜色可以根据自己的需要和爱好进行选择。

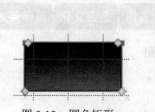

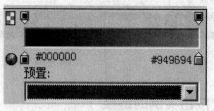

图 9-19　圆角矩形　　　　　　图 9-20　设置渐变颜色

（3）然后复制这个圆角矩形，并去掉边框，用"缩放"工具将其调整得比原来稍小一点，使按钮有凸出的感觉，如图 9-21 所示。选中该矩形，单击"修改"菜单，在弹出的下拉菜单中选择"取消组合"命令，使用"钢笔"工具在如图 9-22 所示的用矩形圈住的路径上添加三个节点，选择"部分选择"工具，向下拖拉三个节点成三角形，如图 9-23 所示。

图 9-21　凸出的矩形　　　　　图 9-22　三个节点的位置

（4）使用"文本"工具输入文本"首页"，并设置字体为宋体，颜色为#FFFFFF，大小为 20。适当调整两个圆角矩形和文字的位置，效果如图 9-24 所示。

图 9-23　三角形　　　　　图 9-24　效果图

（5）编辑完按钮的"弹起"状态后，在"属性"面板的"状态"列表框中选择"滑过"状态进行编辑。单击"属性"面板中的"复制弹起时的图形"按钮，将"弹起"状态的按钮复制过来，如图 9-25 所示。

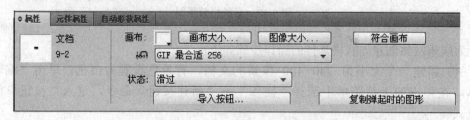

图 9-25　"属性"面板

（6）在"属性"面板的"状态"列表框中选择"按下"状态进行编辑。单击"属性"面板中的"复制滑过时的图形"按钮，将"滑过"状态的按钮复制过来。

（7）在"属性"面板的"状态"列表框中选择"按下时滑过"状态进行编辑。单击"属性"面板中的"复制按下时的图形"按钮，将"按下"状态的按钮复制过来。

（8）返回到按钮的"弹起"状态，把按钮的背景图形即两个矩形删除，不要把文字也删了。

（9）再返回到按钮的"按下"状态，把按钮的背景图形即两个矩形删除，将文本"首页"的颜色改为红色。

（10）再返回到按钮的"按下时滑过"状态，把按钮的背景图形即两个矩形删除。

（11）完成按钮的编辑操作后，创建的按钮出现在文档库中。返回页面1的文档窗口，将已经插入到文档中的按钮删除。

（12）在页面1中，用"矩形"工具画一个大小为740×45像素的渐变的矩形，如图9-26所示，并设置填充类型为线性渐变， 渐变颜色如图9-27所示，其中从左至右颜色依次为#000000和#424142。这个矩形是作导航条的背景。

图9-26 "属性"面板

（13）然后在导航条的背景上，用"直线"工具画两条直线作为按钮的分隔线来用，如图9-28所示，笔触颜色分别为#9C9A9C和#656365。

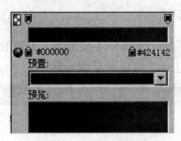

图9-27 设置渐变颜色

图9-28 两条直线

（14）然后按住Shift+G把这两条直线组合成一个对象，重复复制这个对象，将其排列在导航条的背景上，如图9-29所示。

图9-29 分隔线效果

（15）按照需要，将按钮元件的实例从文档库中拖动到页面1中，并将实例按顺序放好，控制实例之间的间距。最后更改实例上的文字以及链接等内容，最终效果如图 9-18所示。

（16）按F12键，在浏览器中预览，最终效果如图9-18所示。

至此，娱乐网站导航栏的操作基本完成。

9.4 创建弹出菜单

弹出菜单，是指当用户用鼠标滑过或单击网页中的切片和热点后，弹出的一组菜单项。可以为弹出的菜单项设置链接的 URL。根据需要还可以为菜单项创建级联子菜单。本节将通过为导航栏创建弹出菜单的实例来详细说明弹出菜单的创建方法。

项目实例 9-3：为网上书店的导航栏创建弹出菜单，效果如图 9-30 所示（见图形文件"9-3"）。

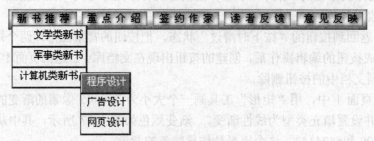

图 9-30　效果图

为网上书店的导航栏创建弹出菜单具体的操作步骤如下：

（1）用 Fireworks CS4 打开网上书店的导航栏这个文件，使用工具箱的"矩形热点"或"切片"工具给导航栏插入热点或切片，如图 9-31 所示。

图 9-31　热区或切片

（2）选择"新书推荐"按钮上的热点或切片，单击中心控制点，在弹出的菜单中选择"添加弹出菜单"命令，如图 9-32 所示，打开"弹出菜单编辑器"。

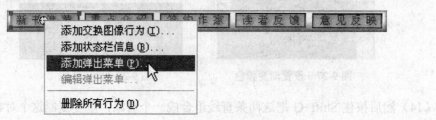

图 9-32　添加弹出菜单

（3）在弹出菜单编辑器中共有 4 个选项卡，如图 9-33 所示。"内容"选项卡用于设置菜单与子菜单的文本的内容、链接和目标等属性；"外观"选项卡用于设置菜单与子菜单的基本外观，包括字体、大小、弹起和滑过时菜单的颜色等；"高级"选项卡用于设置单元格的属性以及菜单消失前的延时时间等，为用户提供更大的个性化空间；"位置"选项卡用于设置菜单的弹出位置。

（4）单击"内容" 选项卡，设置各项参数。

① "文本"列表表示菜单项上要显示的内容；

② "链接"列表表示单击菜单项时会打开的网页；

③ "目标" 列表表示链接的网页打开的位置。

（5）双击需要输入内容的地方，输入如图 9-33 所示的内容，其中单击 ＋ 按钮可以增加一行，单击 － 按钮可以删除一行。如果要修改菜单的内容，双击该菜单项的相应内容，便可以进行修改。

152

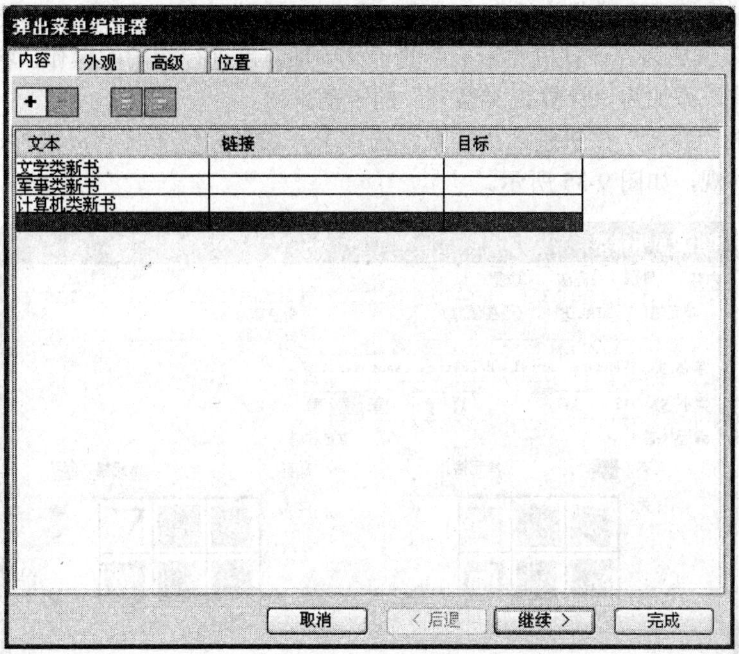

弹出菜单编辑器

内容 外观 高级 位置

＋ －

文本	链接	目标
文学类新书		
军事类新书		
计算机类新书		

取消　〈后退　继续 〉　完成

图 9-33　弹出菜单编辑器

（6）下面开始创建子菜单。子菜单，是指当鼠标指向弹出菜单中的菜单项时，弹出的下一级菜单。例如，为"计算机类新书"添加子菜单项"程序设计"、"广告设计"和"网页设计"，可以将子菜单项"程序设计"、"广告设计"和"网页设计"排列在菜单项"计算机类新书"的后面，如图 9-34 所示。

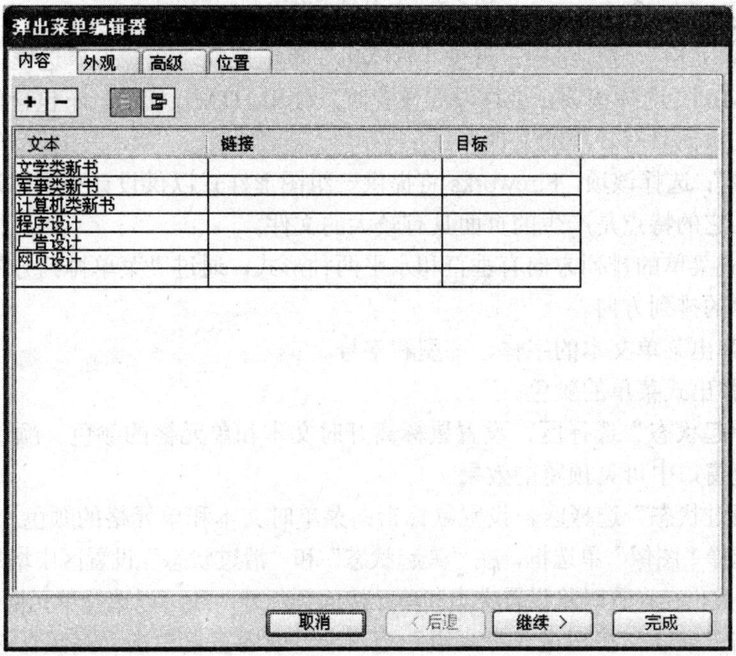

弹出菜单编辑器

内容 外观 高级 位置

＋ －

文本	链接	目标
文学类新书		
军事类新书		
计算机类新书		
程序设计		
广告设计		
网页设计		

取消　〈后退　继续 〉　完成

图 9-34　子菜单项

（7）单击希望成为子菜单的文本"程序设计"，使其高亮显示，然后单击"缩进菜单"按钮 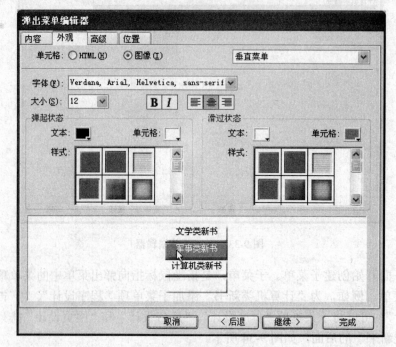，该项就成为"计算机类新书"的子菜单项。再进行相同的操作，将"广告设计"和"网页设计"添加为"计算机类新书"的子菜单项。

（8）单击"继续"按钮进入"外观"选项卡，或者直接单击"外观"选项卡，继续设置菜单的外观，如图9-35所示。

图9-35 "外观"选项卡

① 在"单元格"选项组中，选中"HTML"单选框或"图像"单选框。

➤ "HTML"：选择该项，进行外观设置时只使用HTML代码，不包含任何图片，其特点是产生的页面具有较小的文件。

➤ "图像"：选择该项，Fireworks将提供一组图形样式以供设计外观时选用，使得菜单更加美观，它的特点是产生的页面具有较大的文件。

② 弹出式菜单的排列方向有垂直和水平两种形式，通过"菜单排列方向"下拉菜单可以选择菜单的排列方向。

③ 设置弹出菜单文本的字体、字型和字号。

④ 设置弹出式菜单的颜色。

➤ 在"弹起状态"选择区，设置鼠标离开时文本和单元格的颜色。颜色选定后，在其下方的预览窗口中可见预览的效果。

➤ 在"滑过状态"选择区，设置鼠标指向菜单时文本和单元格的颜色。

➤ 如果选择"图像"单选框，在"弹起状态"和"滑过状态"设置区中增加了单元格样式选择框。因此，在设置时除设置文本和单元格的颜色外，还可以选择单元格的样式。

（9）单击"继续"按钮进入"高级"选项卡，或者直接单击"高级"选项卡，设置单元格的属性及菜单消失前的延时时间等，如图9-36所示。

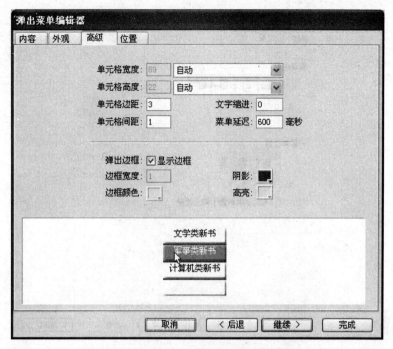

图 9-36 "高级"选项卡

① 在"单元格宽度"和"单元格高度"下拉菜单中确定单元格的大小。

➤ 如果选中"自动",使单元格的高度与菜单中的文本自动匹配,并强制单元格宽度满足文本最长的菜单项尺寸。

➤ 如果选中"像素",可以在"单元格宽度"和"单元格高度"文本框中输入自定义尺寸,度量单位为像素。

② 在"单元格边距"和"单元格间距"文本框中输入数值,分别确定文本与单元格边缘的距离和相邻单元格之间的距离。

③ 在"文字缩进"文本框中输入一个数值,用于确定弹出菜单文本的缩进量。

④ 在"菜单延迟"文本框中输入一个数值,用于确定当鼠标从菜单离开后,菜单仍保持可见的时间,度量单位为毫秒。

⑤ 若需要显示边框,选中"显示边框"复选框,并设置边框的宽度、边框的颜色、边宽的阴影颜色和边框高亮显示的颜色。

（10）单击"继续"按钮进入"位置"选项卡,或者直接单击"位置"选项卡,设置弹出菜单的位置,如图 9-37 所示。

① 在"菜单位置"选择区域确定菜单的位置。

➤ 单击"菜单位置"按钮,确定弹出菜单相对于触发对象的位置。

➤ 在"X"和"Y"文本框中输入数值,确定弹出菜单相对于触发对象的位置,坐标原点在触发对象的左上角。例如,输入 X 和 Y 坐标为（0，0）,则弹出式菜单的左上角与触发对象的左上角重合。

② 如果有子菜单,在"子菜单位置"选择区域设置子菜单相对于触发该子菜单的菜单项单元格的位置。

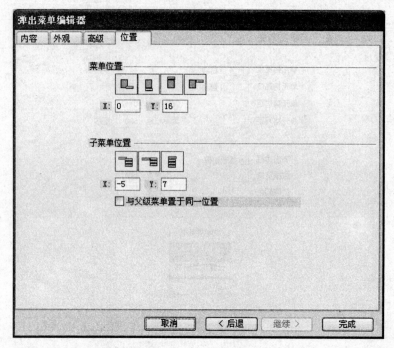

图 9-37 "高级"选项卡

➢ 单击"子菜单位置"按钮，确定子菜单的位置。

➢ 在"X"和"Y"文本框中输入 X 和 Y 的坐标。坐标原点在触发该子菜单的菜单项单元格的右上角。

（11）单击"完成"按钮，退出弹出菜单编辑器，返回文档，此时在"新书推荐"按钮上增加了一个菜单框，表示已添加了弹出菜单。

（12）按 F12 键，在浏览器中预览弹出菜单，效果如图 9-30 所示。运用同样的方法为其他按钮添加弹出菜单，菜单项内容由自己决定。

至此，完成了弹出菜单的制作。

本 章 小 结

本章主要讲解了按钮元件的制作、按钮实例的修改、导航栏的制作和弹出菜单的制作。导航栏和弹出菜单在网页中起着非常重要的作用。它们的存在，使得网页更为生动、美观且具交互性。通过本章的学习，大家应该能够创建按钮元件，并使用按钮元件来制作导航和弹出菜单。按钮四个状态的含义是本章的难点，应通过具体的例子来理解其中的含义。

技 能 训 练

1. 选择题

（1）导航条是指一组分别指向不同（　　）的按钮，用于在一系列具有相同级别的网页间进行跳转。

A. 图片　　　　B. 链接地址　　　　C. 文本　　　　D. 热点区域

（2）按钮最多有（　　）种状态。

A. 1　　　　B. 2　　　　C. 3　　　　D. 4

（3）弹出菜单的触发区域必须选择（　　）。

A. 热点　　　B. 图像切片　　　C. 普通图像　　　D. 建立超链连接的文本

2. 实践训练

根据所学的内容制作如图 9-38 所示的导航栏（见文件"9-4"）。

图 9-38　效果图

3. 职岗演练

参考实践训练，自行查找素材制作导航栏和弹出菜单。

第 10 章 优化、导出和集成

【应知目标】

1. 了解图像优化的含义。
2. 了解文件导出的几种格式。
3. 了解优化输出各参数的含义。

【应会目标】

1. 掌握 GIF 图像的优化。
2. 掌握 JPEG 图像的优化。
3. 掌握如何导出图像。

【预备知识】

1. 了解图像文件的格式。
2. 了解调色板的使用。
3. 了解 Dreamweaver 的使用。

使用 Fireworks 进行网页图像设计的目标是创建下载尽可能快的优美图像。图像的优化就是寻找图像大小和图像质量的最佳结合点。

从 Fireworks 导出图像分两步进行：首先打开要导出的文件，进行优化设置，对不同优化方案的结果进行比较，在图形质量和图形文件大小之间确定一个合适的平衡点。

第一步工作完成以后，根据图像的用途选择合适的导出设置，导出图像或切片图像文档。

不管是创建网页内容还是多媒体内容，Fireworks CS4 都是设计者不可或缺的工具。Fireworks 可以很好地与其他应用程序协同工作，提供多种优化设计过程的集成功能。

10.1 优 化 图 像

对 Fireworks 图像的优化，可以在"优化"面板中进行，也可以在"图像预览"窗口中进行，两种优化方法的操作基本相同。下面以"优化"面板为例介绍如何优化要导出的图像。

10.1.1 文件导出格式的选择

优化导出时首先应选择合适的文件格式，每种文件格式都有不同的压缩信息的方法。

为不同类型的图像选择最合适的文件格式可以大大缩减文件大小。下面介绍网页上较常用的几种图像文件的格式。

（1）GIF

即图形交换格式（GIF），是一种很流行的网页图形格式，适合于卡通、徽标或包含透明区域的图像以及动画。在导出为 GIF 文件时，包含纯色区域的图像的压缩质量最好。GIF 文件最多包含 256 种颜色，GIF 还可以包含一块透明区域和多个动画帧。

（2）JPEG

由联合图像专家组（Joint Photographic Experts Group）专门为照片或增强色图像开发的。JPEG 支持数百万种颜色（24 位）。JPEG 格式最适合于扫描的照片、使用纹理的图像、具有渐变颜色过渡的图像和任何需要 256 种以上颜色的图像。

（3）PNG

可移植网络图形（PNG），是支持最多 32 位颜色的通用网页图形格式，可包含透明度或 Alpha 通道，并且可以是连续的。但是，并非所有的 Web 浏览器都能查看 PNG 图像。虽然 PNG 是 Fireworks 的固有文件格式，但是 Fireworks PNG 文件包含其他应用程序特定的信息，这些信息不会被存储在导出的 PNG 文件或其他应用程序创建的文件中。

（4）WBMP

无线位图（WBMP），是一种为移动计算设备（如手机和 PDA）创建的图形格式。此格式用于无线应用协议（WAP）网页。由于 WBMP 是 1 位格式，因此只显示两种颜色：黑色和白色。

（5）TIFF

标签图像文件格式，是一种用于存储位图图像的图形格式。TIFF 文件最常用于印刷出版。许多多媒体应用程序也接受导入的 TIFF 文件。

（6）BMP

Microsoft Windows 图形文件格式，用于显示位图图像，主要用在 Windows 操作系统上。许多应用程序都可以导入 BMP 图像。

（7）PICT

由 Apple Computer 公司开发，最常用于 Macintosh 操作系统。大多数 Mac 应用程序都能够导入 PICT 图像。

优化导出时选择不同的文件格式，其参数设置的方式也是不同的。

项目实例 10-1：比较 FireworksPNG 和 GIF、JPEG 等不同格式图像的大小。

（1）找到位图"10-1"，观察文件大小。

（2）启动 Fireworks CS4，打开图形文件"10-1"，文件窗口切换到预览视图。

（3）在优化面板中选择"GIF 最适合 256"，文件窗口左下角出现对应的文件大小，比较它与原 PNG 文件大小的区别。

（4）在优化面板中选择"JPEG-较高品质"，文件窗口左下角出现对应的文件大小，比较它与原 PNG 文件大小的区别。

10.1.2　GIF 图像的优化

GIF 文件最多包含 256 种颜色，色彩比较简单，但文件比较小，是网上常用的图像格式。网上的很多 Logo、Banner、按钮和动画等元素通常都使用这一种格式。GIF 格式不适合于制作相片和风景图片等颜色要求较高的图片，否则图像的颜色将严重失真。

GIF 图像优化的具体操作步骤如下：

（1）选择"文件"→"打开"命令，打开要优化的图像文件。

（2）选择"窗口"→"优化"命令，打开"优化"面板，如图 10-1 所示。

图 10-1 "优化"面板

（3）在"优化"面板中的"导出文件格式"下拉列表框中选择导出类型为"GIF"选项。如果图像中包含动画元素，则选择导出类型为"GIF 动画"选项。

（4）在"优化"面板中的"色版"下拉列表框中选择导出图形的背景色。

（5）在"优化"面板中的"索引调色版"中选择一种调色板：

① 最合适：一个根据文件中的实际颜色生成的自定义调色板。通常会产生最高品质的图像。

② Web 最适色：一个最适色彩调色板，其中的颜色已转换为与其最接近的网页安全色。网页安全色是来自"网页216色"调色板的颜色。

③ 网页216色：一个包含Windows和Mac OS计算机共有的216种颜色的调色板。此调色板通常称为网页安全或浏览器安全调色板，这是因为在8位显示器上查看时，它在任何一个平台上的各种网页浏览器中都产生相当一致的效果。

④ 精确：包含图像中使用的精确颜色。只有包含256种或更少的颜色的图像才能使用"精确"调色板。否则，调色板会切换到"最合适"。

⑤ Windows和Mac OS：分别包含由Windows或Mac OS平台标准定义的256种颜色。

⑥ 灰度等级：只包含256种或更少的灰色阴影的调色板。选择此调色板可将图像转换为灰度图像。

⑦ 黑白：只包含黑、白两种颜色的调色板。

⑧ 一致：基于RGB像素值的数学调色板。

⑨ 自定义：经过修改或从外部调色板（ACT 文件）或 GIF 文件加载的调色板。

（6）在"优化"面板中的"颜色"下拉列表框中选择一个选项，或直接在文本框中输入颜色的数值。

色阶是导出图形中颜色的数目。通过减少文件所用颜色的数目可使文件变小。减少色

160

阶实际上是放弃图像中的一些颜色。Fireworks 会根据图像中所使用的颜色，优先将那些使用最少的颜色放弃，并将包含被放弃颜色的像素转换为调色板中与之最接近的颜色。可根据对图像质量的要求，选择保留的颜色数量。

（7）在"优化"面板中设置"失真"选项。对于 GIF 格式，可以通过失真值来改变图像的压缩比。较大的失真可以产生较小的文件，但是图像的质量将下降。失真值为 5~15 的设置可使文件减小且对图像的质量影响不大。

（8）在"优化"面板中设置"抖动"选项。

可以通过抖动技术模拟当前调色板中没有的颜色。从远处看，各颜色混合在一起，产生缺失颜色的外观。当导出具有复杂混合或渐变的图像时，或将照片图像导出为诸如 GIF 的 8 位图形文件格式时，抖动尤其有用。抖动可极大地增加文件的大小。

（9）在"优化"面板中设置透明区域。GIF 和 8 位 PNG 文件中的透明区域使得网页背景能够透过这些区域显示出来。

对于 GIF 图像，一般使用索引色透明，它会打开或关闭具有特定颜色值的像素。默认情况下，GIF 图像导出时不具有透明度。即使图像或对象后方的画布在 Fireworks 中的原始视图中显示为透明，该图像的背景也可能不是透明的，除非在导出前选择"索引色透明"。

对于 PNG 文件，可以使用 Alpha 透明度，它通常用在包含渐变透明度和半不透明像素的导出图形中。尽管透明度对于导出到 Web 不是十分有用（因为大多数 Web 浏览器都不支持 PNG 格式），但是它对于导出到 Flash 或 Adobe Director 却非常有帮助，因为这两种应用程序都支持这种类型的透明度。

将颜色设为透明只是影响图像的导出版本，而不影响实际的图像。

项目实例 10-2：将 FireworksPNG 文件优化为 GIF 文件。

（1）在 Fireworks CS4 中打开图形文件"10-2"，观察该图的特点。

（2）我们发现该图形颜色过渡较少，几乎没有颜色渐变，适合转为 GIF 格式。

（3）将文件窗口切换到预览视图，在优化面板中选择 GIF 格式，仔细调节其他选项，观察预览图形的变化。

10.1.3　JPEG 图像的优化

优化 JPEG 图像可保证图像的大小不会影响在网络上浏览的速度，并使图像的品质保持在一定的水平。

JPEG 图像优化的具体操作步骤如下：

（1）选择"文件"→"打开"命令，打开要优化的图像文件。

（2）选择"窗口"→"优化"命令，打开"优化"面板，如图 10-2 所示。

（3）在"优化"面板中的"导出文件格式"下拉列表框中选择导出类型为"JPEG"选项。

（4）在"优化"面板中的"色版"下拉列表框中选择导出图形的背景色。

（5）拖动"优化"面板中的"品质"选项中的滑块，调整图像的品质。JPEG 图像的大小主要由其品质决定。较高的百分比设置可以维持优良的图像品质，但压缩较少，因此产生的文件也较大。较低的百分比设置产生小文件，但图像品质也较低。

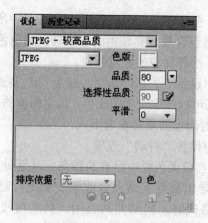

图 10-2 "优化"面板

（6）在"优化"面板中的"平滑"下拉列表框中设置相应的值。平滑可对实边进行模糊处理。较高的数字将在导出或保存的 JPEG 中产生较多的模糊，通常创建较小的文件。平滑设置为 3 左右可以减小图像的大小，同时保持适当的品质。

项目实例 10-3：将 FireworksPNG 文件优化为 JPG 文件。

（1）启动 Fireworks CS4，打开图形文件"10-3"，文件窗口切换到预览视图。

（2）仔细观察图形发现其颜色明显多于 256 种，且过渡紧密，适合优化为 JPG 格式。

（3）在优化面板中选择 JPG 格式，仔细调节其他选项，观察预览图形的变化。

（4）在优化面板中选择 GIF 格式，发现图形出现明显的过渡色带，影响浏览效果。

10.1.4 使用预设的优化设置

Fireworks 为用户提供了一组预设的优化选项，使用户能够快捷地设置导出文件的格式。

选择"窗口"→"优化"命令，打开"优化"面板。单击"保存的设置"下拉菜单，从菜单中选择一个预设的选项，如图10-3所示。

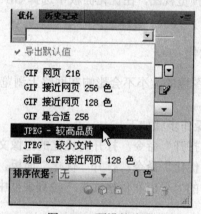

图 10-3 预设的选项

各预设选项的含义如下：

（1）GIF网页216：强迫所有颜色都成为网页安全色，该调色板最多包含216种颜色。

（2）GIF接近网页256色：将颜色转换为与其最接近的网页安全色，该调色板最多包含256种颜色。

（3）GIF接近网页128色：将颜色转换为与其最接近的网页安全色，该调色板最多包含128种颜色。

（4）GIF最合适256：只包含在图形中使用的实际颜色，该调色板最多包含256种颜色。

（5）JPEG - 较高品质：用于将品质设置为80，将平滑设置为0，导致图形品质较高，但图形较大。

（6）JPEG-较小文件：用于将品质设置为60，将平滑设置为2，导致图形大小变为不到"JPEG较高品质"的1/2，但品质下降。

（7）动画 GIF 接近网页128色：用于将文件格式设置为"GIF 动画"，并将颜色转换为与其最接近的网页安全色。该调色板最多包含128种颜色。

选择预设的优化设置后，优化的各项参数按预设的结果自动设置。对不太理想的选项，用户可以根据需要重新进行设置。

10.2 导 出 图 像

在 Fireworks 中创建并优化图像后，用户可将该图像输出为常用的 Web 格式及供其他程序使用的矢量图形格式。Fireworks CS4 由于面向网络的特性，导出的形式可以不仅仅是图像，还可以是包含各种链接和 Java Script 信息的完整的网页。图像的导出产生一个导出副本，不会修改原图，用户可以尝试在 Fireworks 中用一幅原图导出不同种类的许多图像。

10.2.1 使用导出向导

由于刚开始学习，对导出功能不是很熟悉，因此，可以使用导出向导来帮助我们导出需要的图像。

选择"文件"→"导出向导"命令，打开"导出向导"对话框，如图 10-4 所示。

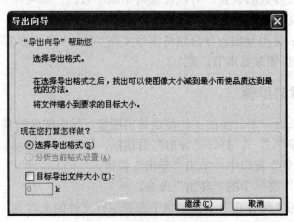

图 10-4 "导出向导"对话框

在"导出向导"对话框中，如果选择"目标导出文件大小"复选框，就可以在其下面的文本框中设置要导出文件的大小。设置了该选项后，向导会自动选择较合理的优化方案，使导出的文件大小尽量接近这个输入的值。

单击"继续"按钮后，弹出如图 10-5 所示的对话框，向导会询问导出文件的用途，选择其中的一种。选择后弹出"分析结果"对话框，在对话框中显示了 Fireworks 对这幅图像的分析，然后提出一个适合于用户用途的优化建议方案，如图 10-6 所示。

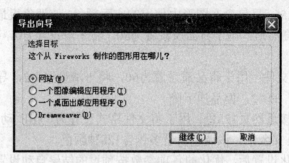

图 10-5　询问导出文件的用途

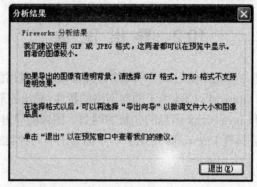

图 10-6　分析结果

然后单击"退出"按钮，弹出"图像预览"对话框，其中的优化参数均为系统推荐的参数。如果要修改参数的设置，可以在该对话框中修改，如果不修改则直接单击"导出"按钮完成图形文件的导出。

项目实例 10-4：使用导出向导分别将图形文件"10-2"和"10-3"导出为 GIF 和 JPG 格式的图形文件。（步骤参见本节，略）

10.2.2　导出图像的步骤

图像经过优化以后，下一步的工作便是导出图像。导出图像的具体操作步骤如下：

（1）执行下列操作之一，打开"导出"对话框，如图 10-7 所示。

① 在"图像预览"窗口中，单击"导出"按钮。

② 单击"文件"菜单中的"导出"命令。

（2）在对话框的"保存在"下拉菜单中选择保存文件的文件夹，对于网页图形，最佳的位置是网站中的一个文件夹。

（3）在"文件名"文本框中输入图像的文件名。无须输入文件的扩展名，Fireworks 会在导出时使用优化设置中选定的文件类型。

（4）从"导出"下拉菜单中选择一种类型。

① 如果要导出单个图像或动画，则选择"仅图像"。

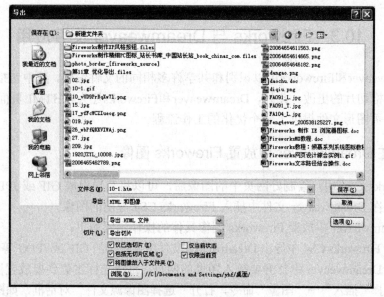

图 10-7 "导出"对话框

② 如果原文件中含有按钮等网页元素，则选择"HTML 和图像"，以将其保存为网页和图片。在使用 Dreamweaver 制作网页时可以直接将导出的 HTML 文件插入，随后图像会自动插入到网页中。

③ 如果要导出切片图像，选择"HTML 和图像"，然后在"HTML"下拉菜单中选择"导出 HTML 文件"，再在"切片"下拉菜单中选择"导出切片"。如果只导出在导出操作前选中的切片，要选中"仅已选切片"复选框。如果图像中含有无切片区域而又要在网页中使用原图时，就必须选中"包括无切片区域"。如果要将导出的图像的所有部分都放置在网页同一目录下的 images 子文件夹中，可以选中"将图像放入子文件夹"。

（5）完成"导出"对话框中的设置后，单击"保存"按钮即可。

项目实例 10-5：导出带有切片的图像。

（1）启动 Fireworks CS4，打开图形文件"10-4"。

（2）注意到图片的两架飞机部分分别覆盖了 1 个切片，可以根据需要为这 2 个切片覆盖区域设置不同的优化选项，如将上面的切片设置为 JPG 格式，下面的切片设置为 GIF 格式。当然没有切片覆盖的区域也要设置优化选项。

（3）单击工具栏中的"导出"按钮，按照图 10-8 的选项设置导出该图片。导出的内容包含 1 个 HTML 文件和 1 个图像子文件夹，被切片分割的若干个子图像放置在该子文件夹中。

图 10-8 "导出"带切片的整幅图片设置

10.3 Fireworks 与 Dreamweaver 交互应用

Dreamweaver和Fireworks可以识别和共享许多相同的文件编辑,其中包括对链接、图像映射、表格切片的更改。此外,Dreamweaver和Fireworks还为在HTML页面中编辑、优化和放置网页图形文件提供了一个优化的工作流程。

10.3.1 在 Dreamweaver 中放置 Fireworks 图像

Fireworks CS4 用户绘制好网页中的图像后,可以将其导出成 GIF 或 JPEG 等格式的文件,然后在 Dreamweaver 文件中插入 Fireworks CS4 导出的图像。

在 Dreamweaver 中放置 Fireworks 图像具体的操作步骤如下:

(1)在 Fireworks CS4 中导出 Dreamweave 文件中要使用的 GIF 或 JPEG 等格式的图像。

(2)在 Dreamweaver 中打开要插入图像的网页,再将光标定位到要放置图像的位置。

(3)选择"插入"→"图像"命令,打开"选择图像源文件"对话框,如图 10-9 所示。

(4)在"选择图像源文件"对话框中选择要插入的 Fireworks 图像。

(5)单击"确定"按钮,所选的图像即被放置到相应的位置。

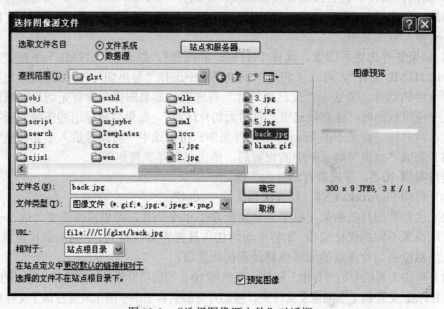

图 10-9 "选择图像源文件"对话框

10.3.2 在 Dreamweaver 中插入 Fireworks 网页

在 Dreamweaver 中,还可以向文件中插入 Fireworks 产生的 HTML 网页代码,以及所有关联的图像、切片和 JavaScript 代码等。将 Fireworks 网页导出到 Dreamweaver 分两步进行。首先,将网页从 Fireworks 直接导出到 Dreamweaver 的站点文件夹中,此操作将在指定的位置生成一个 HTML 文件和关联的图像文件。然后在 Dreamweaver 中,使用"插入 Fireworks HTML"功能将 HTML 代码插入。

在 Dreamweaver 文件中插入 Fireworks 网页具体的操作步骤如下：

（1）在 Fireworks CS4 中，将网页直接导出到 Dreamweaver 的站点文件夹中，此操作产生一个 HTML 文件和关联的图像文件。

（2）在 Dreamweaver 中打开要插入 HTML 网页代码的网页，再将光标定位到要插入的位置。

（3）选择"插入"→"图像对象"→"Fireworks HTML"命令，弹出"插入 Fireworks HTML"对话框，如图 10-10 所示。

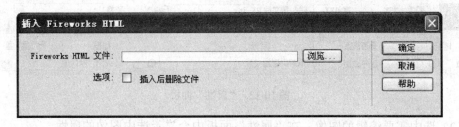

图 10-10　"插入 Fireworks HTML"对话框

（4）在"插入 Fireworks HTML"的对话框中，单击"浏览"按钮，弹出"选择 Fireworks HTML 文件"对话框，如图 10-11 所示。

图 10-11　"选择 Fireworks HTML"对话框

（5）在"选择 Fireworks HTML 文件"对话框中，选择要插入的 Fireworks HTML 文件，单击"打开"按钮返回到"插入 Fireworks HTML"的对话框。

（6）在"插入 Fireworks HTML"的对话框中，如果选中"插入后删除文件"复选框，则在操作完成后，会把原 HTML 文件移动到回收站中。如果在插入 Fireworks HTML 文件后不再需要它，可以选中这个复选框。该选项不会影响与 HTML 文件关联的 PNG 源文件。

（7）选择要插入的 Fireworks HTML 文件后，单击"确定"按钮，即可完成操作。

10.3.3 使用 Fireworks 编辑 Dreamweaver 文档中的图像

在 Dreamweaver 中，用户可以启动 Fireworks 编辑位于 Dreamweaver 文件中的单个图像，具体操作步骤如下：

（1）在 Dreamweaver 中，选择"窗口"→"属性"命令，打开"属性"面板，如图 10-12 所示。

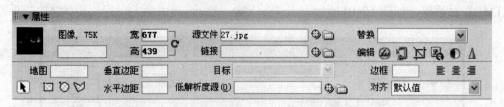

图 10-12 "属性"面板

（2）选中需要编辑的图像，在"属性"面板中会显示选中图像的属性。

（3）单击"属性"面板中的"编辑"按钮❷。如果在 Fireworks 设置了"启动时询问"，则会出现"查找源"对话框，如图 10-13 所示，提示用户使用 Fireworks 源文件还是直接编辑该图像文件，用户可以根据自己的情况进行选择。

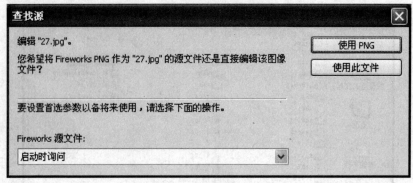

图 10-13 "查找源"对话框

（4）在 Fireworks 编辑图像。

（5）编辑完图像后，单击"完成"按钮返回到 Dreamweaver 中。

10.3.4 优化放置在 Dreamweaver 中的 Fireworks 图像

为放置在 Dreamweaver 中的 Fireworks 图像修改优化设置的具体操作步骤如下：

（1）在 Dreamweaver 中，选择"窗口"→"属性"命令，打开"属性"面板。

（2）选中需要修改优化设置的图像，单击"属性"面板中的"使用 Fireworks 最优化"按钮 。如果在 Fireworks 设置了"启动时询问"，则会出现"查找源"对话框，提示用户使用 Fireworks 源文件还是直接编辑该图像文件，用户可以根据自己的情况进行选择。

（3）选择后会出现 Fireworks 的优化窗口，如图 10-14 所示。在该对话框中修改相应的优化设置。

（4）修改完成后，单击"更新"按钮即可。

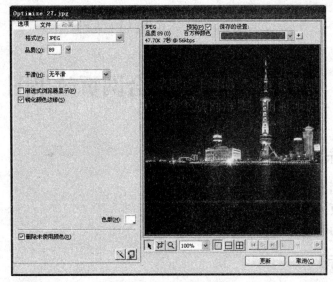

图 10-14　"优化"对话框

本 章 小 结

　　本章主要讲解了 GIF 图像的优化、JPEG 图像的优化，以及如何导出图像。通过图像的优化可以减小图像的容量，加快在网络中上传和下载的速度，并使图像的质量能够维持在一定的水平。通过本章的学习，我们应该了解图像优化的各参数的含义，掌握不同文件优化和导出的方法，为网站的建设与网页的制作服务。

技 能 训 练

1. 单项选择题

（1）导出 Fireworks 文件时，可选择的文件格式有（　　）。

　　A. GIF　　　　　　　　　　　　B. PPT

　　C. JPEG　　　　　　　　　　　　D. DOC

（2）调色板下拉菜单中列出了多种调色板选项，常用于网页的有（　　）。

　　A. 最适色彩　　　　　　　　　　B. 接近网页最合适

　　C. 网页 216　　　　　　　　　　D. 黑白

（3）若将图像中的画布变为透明色，在"选择透明类型"下拉菜单中选择（　　）。

　　A. 索引透明　　　　　　　　　　B. 不透明

　　C. Alpha 透明　　　　　　　　　D. A 和 C 均可

2. 职岗演练

自行查找素材练习不同格式的图像的优化和导出。

第11章　制作综合网页效果图

【应知目标】

1. 了解页面的使用和编辑。
2. 了解主页的作用。
3. 了解网站创建的操作流程。

【应会目标】

1. 掌握页面的使用和编辑。
2. 掌握主页的使用。
3. 掌握使用 Fireworks 进行综合网页的制作。

【预备知识】

1. 掌握网页图形图像设计的基本方法和设计思路。
2. 掌握网页标志的制作。
3. 掌握导航和弹出菜单的使用。
4. 掌握动画的制作。
5. 掌握切片和热点的运用。
6. 掌握滤镜的运用。

在前面的章节中介绍了网页制作软件 Fireworks CS4 的各项功能，包括矢量图形的绘制、文本的设计、滤镜的使用、动画的制作、导航和弹出菜单的制作、切片和热点的运用，以及行为的运用。在本章中将综合运用这些内容来制作以鲜花为主题的电子商务网站，达到学以致用的目的。

网站的制作过程是一个复杂而细致的过程，一般按照先大后小、先简后繁的顺序来制作。先大后小就是在制作网页时，先把大的结构设计好，然后再逐步完善小的结构设计。先简后繁，就是先设计出简单的内容，然后再设计复杂的内容，以便于修改。

一个网站制作成功与否，很大程度上取决于设计者的规划水平。规划网站就像设计师设计大楼一样，图纸设计好了，才能建成一座漂亮的楼房。网站规划的内容主要包括网站的结构、栏目的设置、网站的风格、颜色搭配、版面布局、文字图片的运用等，只有在制作网页之前把这些方面都考虑好，才能在制作时驾轻就熟、胸有成竹。也只有如此才能制作出有个性、有特色和有吸引力的网页。

一个网站往往包含很多的网页。因此，在 Fireworks CS4 中，为了方便制作网页，引入了页面的概念。

11.1 使用页面

一个 Fireworks PNG文件可以包含多个页面,从而为创建网站和其他应用程序提供了很大的方便。每个页面都包含画布大小和颜色、图像分辨率,以及辅助线的独特设置。对于要在多个页面之间共享的公用元素(如导航栏和背景图像),可以使用主页或在页面之间共享层来实现。

11.1.1 编辑页面

使用"页面"面板,可以添加新页面、删除不需要的页面,以及复制现有的页面。在添加、删除或移动页面时,Fireworks会自动更新页面标题左边的数值。这些自动数值帮助快速定位到多页面复杂设计中的特定页面。

1. 添加页面

添加的新页面会插入到页面列表的末尾,并且成为活动页面。执行下列操作之一即可添加新的页面:

(1)在"页面"面板(图11-1)中,单击右下角的"新建/复制页"按钮 。

(2)在"页面"面板中,单击右上角的按钮 ,然后从弹出的下拉菜单中选择"新建页面",如图11-2所示。

(3)选择菜单中的"编辑"→"插入"→"页面"命令。

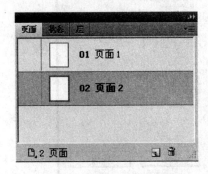

图 11-1 "页面"面板

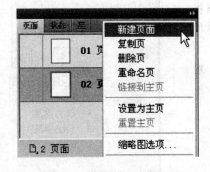

图 11-2 菜单项"新建页面"

2. 复制页面

复制操作会添加一个新页面,它包含与当前所选页面相同的对象和图层层次结构。复制的对象保留原始对象的不透明度和混合模式。可以对复制的对象进行更改而不影响原始对象。执行下列操作之一即可完成页面的复制操作:

(1)在"页面"面板中,将页面拖到"新建/ 复制页"按钮 上。

(2)在"页面"面板中,单击右上角的按钮 ,然后从弹出的下拉菜单中选择"复制页"。

3. 删除页面

执行下列操作之一即可删除页面:

(1)在"页面"面板中,将页面拖到右下角的"删除页"按钮 上。

（2）在"页面"面板中，单击右上角的按钮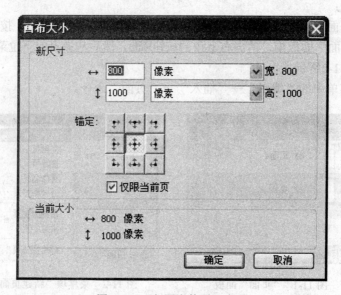，然后从弹出的下拉菜单中选择"删除页"。

4. 编辑页面画布

每个页面都有独特的画布，具有独立的画布大小、颜色和图像分辨率。这些设置可以在每个页面的基础上进行设置，也可以在文件的所有页面中以全局方式进行设置。修改页面画布属性的操作步骤如下：

（1）在"页面"面板中选择一个页面。

（2）选择菜单中的"修改"→"画布"→"图像大小"命令，选择菜单中的"修改"→"画布"→"画布大小"命令，或者选择菜单中的"修改"→"画布"→"画布颜色"命令。

（3）在对话框中进行相应的修改。还可以在选择页面的画布时，使用"属性"面板进行修改。

（4）若要将更改仅应用于所选页面，选中"仅限当前页"选项，如图 11-3 所示。若要将更改应用于所有页面，请取消选中该选项。

图 11-3 "仅限当前页"选项

11.1.2 使用主页

若要在所有页面中使用一组相同的元素，可以将这些元素放在同一个页面以供其他页面共享，这个页面就是主页。创建主页时，会将主页添加到每个页面的图层层次结构的底部。

可以将普通页转化为主页。在"页面"面板中，右键单击现有的某一页，然后从弹出的快捷菜单中选择"设置为主页"，如图11-4所示，该页即转化为主页。

也可以将主页转换为普通页。在"页面"面板中，右键单击任何一页，然后从弹出的快捷菜单中选择"重置主页"，如图11-5所示，主页即转化为普通页。

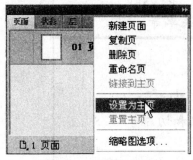
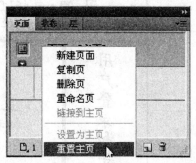

图 11-4　设置为主页　　　　　　　　　图 11-5　重置主页

在创建主页后，任何新创建的页面都会自动继承主页的设置。已有的页面不会继承这些设置，除非将它们链接到主页。如果以后更改主页，则所有链接的页面都会自动更新。在"页面"面板中，右键单击某一个页面，然后从弹出的快捷菜单中选择"链接到主页"，这一页就链接到主页。

11.2　制作综合网页实例

通过"页面"面板与其他强大的Fireworks 功能，可以快速地创建交互式的网页。若要将已完成的网页转换到正常运行的网站，只需将其导出到Dreamweaver即可。通过Fireworks CS4创建网站的操作流程如下：

（1）创建页面。在"页面"面板中，为初始设计创建所需的页数。随着设计的改进，可以根据需要添加或删除页面。

（2）创建公用的元素。在画布上，创建要在多个页面之间共享的设计元素，如页眉、页脚和导航栏等。

（3）在多个页面间共享公用元素。在共享公用元素时，单个更改会自动更新所有受影响的页面。使用主页共享它包含的所有元素，或使用共享层共享公用的元素。

（4）向各个页面添加独特的元素。在每个页面上，添加独特的设计、导航或表单元素等。在"公用库"面板中，有许多可加快设计过程的按钮、文本框和弹出菜单。

（5）使用链接模拟用户导航。利用切片、热点或导航按钮等网页对象，链接各个页面。

（6）导出已完成的交互式网页。下面综合运用前面所学的内容，如矢量图的绘制、层、滤镜、动画、切片、导航条和弹出菜单等来制作鲜花为主题的电子商务网站。该网站的名称叫做彩色鲜花网，主要包括公司介绍、推荐商品、特价商品、最新上架和精品等内容，采用粉红色和白色为基调，首页的基本框架如图 11-6 所示（见图形文件"11-1"）。

网页主要包括页眉、用户登录和导航、主要内容和页脚等部分。其中，页眉又包括Logo、Banner、导航和弹出菜单等；主要内容部分包括动画和切片等。下面具体地介绍各元素的制作过程。

1. 绘制网站标志 Logo

网站标志主要由四部分组成：小花、网站名字、分隔线和网址。

页眉：包括LOGO、BANNER、导航和弹出菜单等

用户登录和导航

主要内容：包括动画和切片等

页脚：包括导航、联系方式和版权信息等

图 11-6　首页的基本框架

（1）启动 Fireworks CS4，新建一个文件，将画布大小设置为 800×1000 像素，画布颜色设置为白色。

（2）先绘制小花，小花由六个花瓣组成。用"椭圆"工具绘制一个椭圆，颜色任意选择，再用"钢笔"工具、"指针"工具和"部分选定"工具将它调整成花瓣的形状。

（3）用同样的方法再绘制五个花瓣。在六个花瓣的正中间绘制一个白色的小圆，最终小花效果如图 11-7 所示。

（4）使用"文本"工具输入网站的名字"彩色鲜花网"，用"指针"工具选定整个文本对象，将字体设置为宋体和仿宋体，大小设置为 23，笔触颜色设置为白色。再将填充色设置为线性渐变，再在"预置"列表框中选择"红，绿，蓝"选项，如图 11-8 所示。

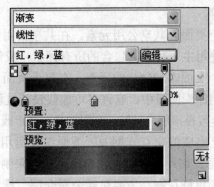

图 11-7　小花效果图　　　　　图 11-8　填充选项

（5）给文字添加滤镜效果。单击"属性"面板的添加"动态滤镜和选择预设"按钮，在弹出的菜单中选择"阴影和光晕"→"纯色阴影"命令，在弹出的"纯色阴影"对话框中进行相应的设置，如图 11-9 所示。

（6）使用"直线"工具在文字的下方绘制一条直线，设置宽度为 145，笔触颜色为 #FF00FF，笔尖大小为 1。

（7）在直线的下方输入网址 www.caise.net，将字体设置为宋体，大小设置为 20，填充颜色设置为#FF6600。

（8）适当调整网站标志四部分的位置，最终效果如图 11-10 所示（见图形文件"11-2"）。

图 11-9　"纯色阴影"对话框　　　　　图 11-10　网站标志效果图

（9）在"页面"面板中，将该页面重命名为网站标志。

2．制作导航和弹出菜单

（1）在"页面"面板中，新建一个页面，并将该页面重命名为导航和弹出菜单。

（2）单击"编辑"菜单，在弹出的下拉菜单中选择"插入"→"新建按钮"命令，进入"按钮"的编辑模式。

（3）在按钮的编辑模式中编辑按钮弹起时的状态。使用"矩形"工具在工作区内绘制一个 100×40 的矩形，设置填充色为#FF66FF，如图 11-11 所示。

（4）使用"文本"工具输入文本"首　页"，并设置字体为楷体，颜色为白色，大小为 20，效果如图 11-12 所示。

图 11-11　矩形　　　　　图 11-12　弹起时的状态

（5）编辑完按钮的"弹起"状态后，在"属性"面板的"状态"列表框中选择"滑过"状态进行编辑。单击"属性"面板中的"复制弹起时的图形"按钮，将"弹起"状态的按钮复制过来，如图 11-13 所示，并将文本"首　页"的颜色改为红色。

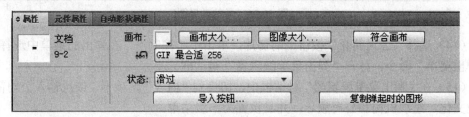

图 11-13　"属性"面板

（6）在"属性"面板的"状态"列表框中选择"按下"状态进行编辑。单击"属性"面板中的"复制滑过时的图形"按钮，将"滑过"状态的按钮复制过来。

（7）用"指针"工具选中矩形，单击"属性"面板的添加"动态滤镜和选择预设"按钮，在弹出的菜单中选择"斜角和浮雕"→"内斜角"命令，在弹出的对话框中进行相应的设置，如图 11-14 所示，并将文本"首　页"的颜色改为白色。

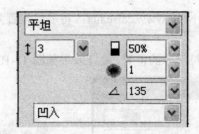

图 11-14 "内斜角"参数设置

（8）在"属性"面板的"状态"列表框中选择"按下时滑过"状态进行编辑。单击"属性"面板中的"复制按下时的图形"按钮，将"按下"状态的按钮复制过来。同时删除"内斜角"的滤镜效果。

（9）完成按钮的编辑操作后，创建的按钮出现在文档库中。返回"导航和弹出菜单"的页面中，将已经插入到文件中的按钮删除。

（10）在"导航和弹出菜单"的页面中，用"矩形"工具画一个大小为 800×40 像素的矩形，并设置填充色为#FF66FF。这个矩形用作导航条的背景。

（11）在导航条的背景上，用"直线"工具画一条垂直的直线作为按钮的分隔线来用，将直线的笔触颜色设置为白色，笔尖大小设置为 2，高度设置为 30。

（12）重复复制这个对象，将其排列在导航条的背景上，如图 11-15 所示。

图 11-15　分隔线效果

（13）从文档库中拖出 6 个按钮元件，将它们水平摆成一排。分别选取第 2、3、4、5 和 6 个按钮，在"属性"面板中为 5 个按钮分别设置文本为"公司简介"、"精品鲜花"、"自选鲜花"、"礼　篮"和"联系我们"。用"对齐"面板适当调整直线和按钮的位置，效果如图 11-16 所示。

| 首　页 | 公司简介 | 精品鲜花 | 自选鲜花 | 礼　篮 | 联系我们 |

图 11-16　导航效果图

（14）选择"公司简介"按钮上的切片，单击中心控制点，在弹出的菜单中选择"添加弹出菜单"命令，打开"弹出菜单编辑器"对话框。

（15）在"弹出菜单编辑器"对话框中，切换到"内容"选项卡，依次输入公司简介、企业文化、组织机构和公司领导，并且设置为一级菜单。

（16）单击"继续"按钮进入"外观"选项卡，继续设置菜单的外观，如图 11-17 所示。在"弹起状态"选项组中设置"文本"颜色为#FFFFFF，设置"单元格"颜色为#FF33FF，在"滑过状态"选项组中设置"文本"颜色为#FF0000，设置"单元格"颜色为#FF66FF。

（17）单击"继续"按钮切换到"高级"选项卡，保持默认设置。

（18）单击"继续"按钮切换到"位置"选项卡，在"菜单位置"选项组中单击"将菜单位置设置到切片的底部"按钮 。

176

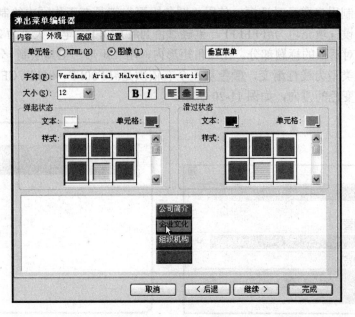

图 11-17　设置外观

（19）单击"完成"按钮，结束弹出菜单的设置，退出"弹出菜单编辑器"对话框。

（20）用同样的方法为其余 3 个按钮添加弹出菜单。打开"弹出菜单编辑器"对话框，在"内容"选项卡中进行如下设置。

（21）设置"精品鲜花"按钮的弹出菜单内容为：爱情鲜花、生日鲜花、友情鲜花、婚庆鲜花和商务鲜花，并且都设置为一级菜单。

（22）设置"自选鲜花"按钮的弹出菜单内容为：玫瑰、康乃馨、郁金香、百合和水仙花，并且都设置为一级菜单。

（23）设置"礼　篮"按钮的弹出菜单内容为：果篮、酒篮、巧可力篮和什锦篮，并且都设置为一级菜单。

（24）全部设置完成后得到如图 11-18 所示的效果。

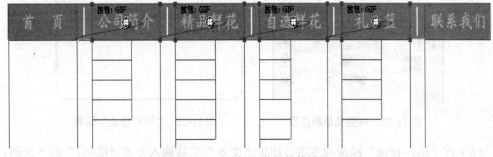

图 11-18　导航和弹出菜单效果

（25）按 F12 键，在浏览器中预览弹出菜单的效果。导航和弹出菜单制作完成。

3. 制作用户登录和导航部分

（1）在"页面"面板中，新建一个页面，并将该页面重命名为用户登录和导航。

（2）先绘制用户登录对话框。使用"圆角矩形"工具在工作区内绘制一个 190×190 的圆角矩形，设置填充色为#FFFFFF，笔触颜色为#FF33FF，笔尖大小为 2。

（3）制作对话框的标题部分。在圆角矩形内，用"矩形"工具绘制一个 160×30 的矩形，设置填充类型为线性渐变，颜色从左至右依次是#FF00FF 和#FFCCFF，如图 11-19 所示。调整渐变色的方向，如图 11-20 所示。

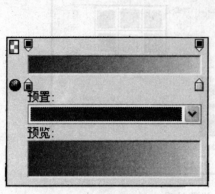
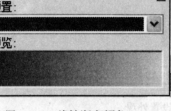

图 11-19　线性渐变颜色　　　　　　　　图 11-20　线性渐变方向

（4）用"指针"工具选中矩形，单击"属性"面板的"添加动态滤镜或选择预设"按钮，在弹出的菜单中选择"阴影和光晕"→"内侧光晕"命令，在弹出的对话框中进行相应的设置，如图 11-21 所示。

（5）在矩形内，使用"文本"工具输入文本"用户登录"，作为对话框的标题，并设置字体为楷体，颜色为#FFFFFF，大小为 20，效果如图 11-22 所示。

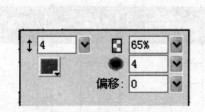

图 11-21　内侧光晕的参数　　　　　　图 11-22　"用户登录"标题

（6）在"用户登录"标题的下方，使用"文本"工具输入文本"账号："和"密码："，并设置字体为楷体，颜色为#000000，大小为 16，效果如图 11-23 所示。

（7）在文本"账号："的后面，使用"矩形"工具绘制一个 100×20 的矩形，模拟输入账号的文本框，并设置填充色为#FFFFFF，笔触颜色为#999999，笔尖大小为 1。用同样的方法在文本"密码："的后面绘制矩形，如图 11-24 所示。

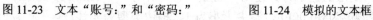

图 11-23 文本"账号:"和"密码:"   图 11-24   模拟的文本框

（8）绘制"登录"和"注册"按钮。在模拟的文本框的下方，使用"矩形"工具绘制一个 60×20 的矩形，设置填充色为#FF00FF，笔触颜色为#000000，笔尖大小为 1。再在矩形内，使用"文本"工具输入文本"登录"，设置字体为楷体，颜色为#000000，大小为 16，如图 11-25 所示。用同样的方法绘制"注册"按钮。

（9）用"对齐"面板适当调整各个对象的位置并将其组合在一起，效果如图 11-26 所示。

图 11-25   "登录"按钮   图 11-26   "用户登录"对话框

至此，"用户登录"对话框绘制完成。

下面开始制作商品导航部分。

（10）使用"圆角矩形"工具在工作区内绘制一个 190×40 的圆角矩形，在"自动形状属性"面板中，调整右上角的弧度为 20，其他角的弧度为 0。

（11）选中圆角矩形，设置笔触颜色为#FF00FF，描边类型为实线，笔尖大小为 1。设置填充类型为线性渐变，颜色从左至右依次是#FF99FF 和#FFFFFF，如图 11-27 所示。调整渐变色的方向，如图 11-28 所示。

（12）在圆角矩形内，使用"文本"工具输入文本"商品导航"，作为导航的名称，并设置字体为楷体，颜色为#FF00FF，大小为 20。

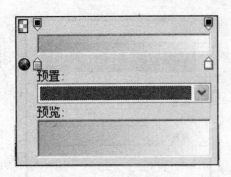

图 11-27　线性渐变颜色　　　　　　　图 11-28　线性渐变方向

（13）在圆角矩形的正下方，使用"矩形"工具绘制一个 190×300 的矩形，并设置填充色为无，笔触颜色为#FF00FF，笔尖大小为 1，描边类型为实线。

（14）在矩形内，使用"文本"工具输入文本"按用途选购"，并设置字体为楷体，颜色为#FF00FF，大小为 16。

（15）选择菜单"文件" → "导入"命令，将图形文件"arrow"导入，把它放到文本"按用途选购"的前面，起到修饰作用，并适当调整与文本的相对位置，如图 11-29 所示。

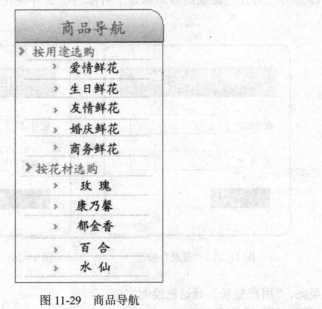

图 11-29　商品导航

（16）在文本"按用途选购"的下方，使用"直线"工具绘制一条宽为 160 的直线，用做导航之间的分隔线，并设置笔触颜色为#FF66FF，笔尖大小为 1，描边类型为点状线。

（17）在直线的下方，使用"文本"工具输入文本"爱情鲜花"，并设置字体为楷体，颜色为#000000，大小为 16。

（18）选择菜单"文件" → "导入"命令，将图形文件"arrow"导入，把它放到文本"爱情鲜花"的前面，并适当调整大小。

（19）在文本"爱情鲜花"的下方，使用"直线"工具绘制一条宽为 160 的直线，并设置笔触颜色为#FF66FF，笔尖大小为1，描边类型为点状线。

（20）用同样的方法制作商品导航剩下的部分，具体可参考图11-29。

（21）用"对齐"面板适当调整各个对象的位置并将其组合在一起。

至此，商品导航部分绘制完成。

下面开始制作客户服务导航部分。

（22）使用"圆角矩形"工具在工作区内绘制一个190×40的圆角矩形，在"自动形状属性"面板中，调整右上角的弧度为20，其他角的弧度为0。

（23）选中圆角矩形，设置笔触颜色为#FF00FF，描边类型为实线，笔尖大小为1。设置填充类型为线性渐变，颜色从左至右依次是#FF99FF和#FFFFFF，如图11-30所示。调整渐变色的方向，如图11-31所示。

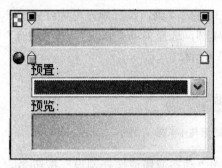

图 11-30　线性渐变颜色

图 11-31　线性渐变方向

（24）在圆角矩形内，使用"文本"工具输入文本"客户服务"，作为导航的名称，并设置字体为楷体，颜色为#FF00FF，大小为20。

（25）在圆角矩形的正下方，使用"矩形"工具绘制一个190×160的矩形，并设置填充色为无，笔触颜色为#FF00FF，笔尖大小为1，描边类型为实线。

（26）在矩形内，使用"文本"工具输入文本"购物流程"，并设置字体为楷体，颜色为#000000，大小为16。

（27）选择菜单"文件"→"导入"命令，将图形文件"arrow"导入，并把它放到文本"购物流程"的前面，并适当调整大小，如图11-32所示。

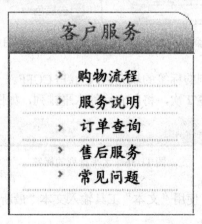

图 11-32　客户服务导航

（28）在文本"购物流程"的下方，使用"直线"工具绘制一条宽为160的直线，并设置笔触颜色为#FF66FF，笔尖大小为1，描边类型为点状线。

（29）用同样的方法制作客户服务导航剩下的部分，具体可参考图11-32。

（30）用"对齐"面板适当调整各个对象的位置并将其组合在一起。

至此，客户服务导航部分绘制完成。

将用户登录框、商品导航和客户服务导航放在同一垂直线上并组合。将文件保存，命名为"综合网页"。

4. 制作主要内容部分

（1）新建一个文件，将画布大小设置为800×1000像素，画布颜色设置为白色。

（2）使用"矩形"工具绘制一个90×30的矩形，设置填充色为#FF99FF。

（3）使用"饼形"工具绘制一个半径为30的1/4圆，设置填充色为#FF99FF。

（4）按下Shift键，同时选取小矩形与1/4圆，选择菜单"修改"→"组合"命令将其组合在一起，作为标签来使用，如图11-33所示。

图11-33 小矩形与1/4圆

（5）选中标签，单击"属性"面板的添加"动态滤镜或选择预设"按钮 ，在弹出的菜单中选择"斜角和浮雕"→"外斜角"命令，在弹出的对话框中进行相应的设置，如图11-34所示。

（6）再次单击"属性"面板的添加"动态滤镜或选择预设"按钮 ，在弹出的菜单中选择"阴影和光晕"→"内侧阴影"命令，在弹出的对话框中进行相应的设置，如图11-35所示。

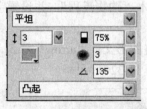

图11-34 外斜角参数设置　　图11-35 内侧阴影参数设置

（7）复制标签，将复制的标签的填充色改为#FFCCFF。

（8）复制修改后的标签2次，将所有标签水平排列，如图11-36所示。

图11-36 水平排列的标签

（9）在第一个标签上，使用"文本"工具输入文本"最新上架"，并设置字体为楷体，颜色为#000000，大小为16。

（10）用同样的方法分别在后面的标签上输入文本"推荐商品"、"特价商品"和

"精品"。

（11）在标签的下方，使用"矩形"工具绘制一个 580×500 的矩形，并设置填充色为无，笔触颜色为#FF66FF，笔尖大小为 1。该矩形主要用于存放商品的信息。

（12）在矩形的内部，使用"矩形"工具绘制一个 120×130 的矩形，并设置填充色为无，笔触颜色为#999999，笔尖大小为 1。

（13）在小矩形的内部，选择菜单"文件"→"导入"命令，将素材库中文件夹"最新上架"中的图形文件"1"导入，并把它放到小矩形的内部，调整其大小为 110×120，如图 11-37 所示。

图 11-37　导入图形文件"1"

（14）在小矩形的下面，使用"文本"工具输入商品的信息"轻声问候市场价：￥228现价：￥118"，并设置字体为楷体，颜色为#000000，大小为 14，如图 11-37 所示。

（15）在商品信息的下方，使用"直线"工具绘制一条宽为 120 的直线，并设置笔触颜色为#999999，笔尖大小为 1，如图 11-37 所示。

（16）在直线下方，绘制"订购"和"详细"按钮。使用"矩形"工具绘制一个 32×16 的矩形，并设置填充色为#FFFFFF，笔触颜色为#999999，笔尖大小为 1。

（17）在小矩形上，使用"文本"工具输入文本"订购"，并设置字体为楷体，颜色为#666666，大小为 12，如图 11-37 所示。

（18）用步骤（16）～（17）的方法绘制"详细"按钮，如图 11-37 所示。

（19）将素材文件夹中的"最新上架"文件夹中的其他图片分别导入，再按照步骤（12）～（18）的方法进行操作，商品信息参考图 11-38。

（20）在"状态"面板中，右击状态 1，在弹出的快捷菜单中选择"重制状态"命令，如图 11-39 所示，弹出"重制状态"对话框。

（21）在"重制状态"对话框中，"数量"列表框中输入 3，在"插入新状态"单选按钮组中选择"当前状态之后"，如图 11-40 所示，设置好后单击"确定"按钮。

（22）分别选取状态 2、3 和 4，将第 1 个标签上的文本分别改为"推荐商品"、"特价商品"和"精品"。

图 11-38　最新上架的商品信息

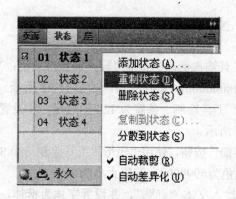

图 11-39　"重制状态"命令

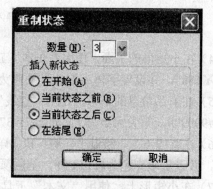

图 11-40　"重制状态"对话框

（23）修改状态 2 中的商品信息为推荐商品的信息。按照步骤（12）～（19）的方法进行操作，不同的是导入素材库中"推荐商品"文件夹中的图片，推荐商品信息参考图11-41。

（24）修改状态 3 中的商品信息为特价商品的信息。按照步骤（12）～（19）的方法进行操作，不同的是导入素材库中"特价商品"文件夹中的图片，特价商品信息参考图11-42。

（25）修改状态 4 中的商品信息为精品的信息。按照步骤（12）～（19）的方法进行操作，不同的是导入素材库中 "精品"文件夹中的图片，精品信息参考图 11-43。

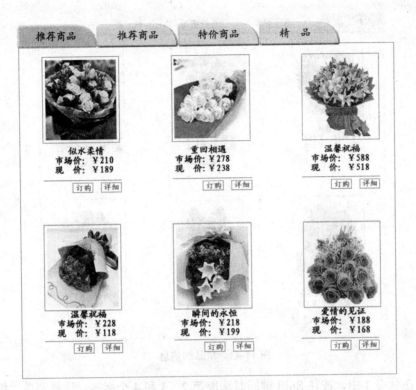

图 11-41　推荐商品的信息

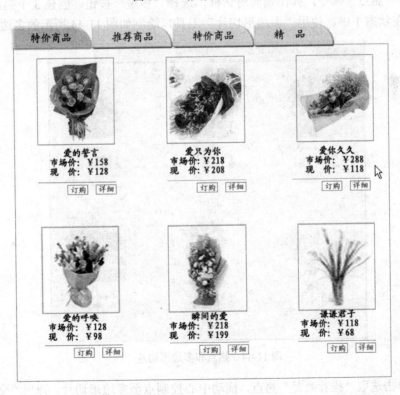

图 11-42　特价商品的信息

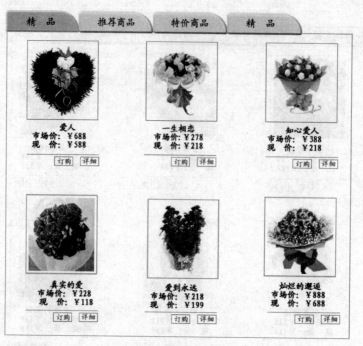

图 11-43 精品的信息

（26）在状态 1 中，按住 Shift 键同时选取第 2、3 和 4 个标签。选择菜单"编辑"→"插入"→"热点"命令，弹出询问对话框，选择"多重"按钮，创建 3 个热点。

（27）在状态 1 中，使用"多边形切片"工具，绘制如图 11-44 所示的多边形切片。

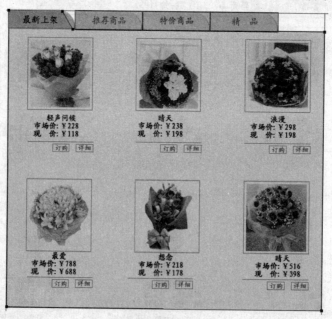

图 11-44 热点和多边形切片

（28）单击选取"推荐商品"热点，拖动中心控制点至多边形切片，弹出"交换图像"对话框，在"交换图像自"下拉列表框中选择"状态 2"选项，如图 11-45 所示。

图 11-45　"交换图像"对话框

（29）用同样的方法，分别为"特价商品"和"精品"的热点设置交互行为，交换图像分别来自状态 3 和状态 4。

（30）单击窗口左上方的"预览"按钮，在预览模式下观察图片的翻转效果，应实现当光标滑过某一标签时，就显示这一标签为主题的内容，否则就显示第 1 个标签为主题的内容。至此，切片制作完成。

下面开始制作热卖商品动画。此动画主要用于展示热卖商品的图片，实现图片连续滚动的效果。动画和切片一样，同属于网页的主要内容部分，放在切片的下方。

（31）在状态 1 中，将切片部分制作的第一个标签复制过来放在切片的下方，同时将文本改为"热卖商品"。

（32）在"热卖商品"标签的下方，使用"矩形"工具绘制一个 580×130 的矩形，并设置填充色为无，笔触颜色为#FF66FF，笔尖大小为 1，如图 11-46 所示。该矩形主要用于放置动画。

（33）按住 Shift 键同时选取步骤（31）、（32）创建的标签和矩形，在"状态"面板中按住 Alt 键分别拖动状态 1 后的小圆圈至状态 2 到状态 4 中，从而将状态 1 中的标签和矩形复制到其他状态中。

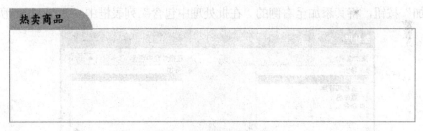

图 11-46　标签和矩形

（34）在状态 1 的矩形中，使用"矩形"工具绘制一个 540×110 的矩形，设置填充色为#000000，如图 11-47 所示，该矩形用于制作动画的蒙板效果。

图 11-47　制作蒙板效果的矩形

（35）下面制作动画的具有胶片效果的背景。使用"矩形"工具绘制一个840×110的矩形，设置填充色为#000000。

（36）在矩形内，使用"矩形"工具绘制一个12×8的矩形，设置填充色为#FFFFFF，如图11-48所示。

图 11-48　小矩形

（37）选择小矩形按 Ctrl+C 复制，然后按 Ctrl+V 粘贴，并用方向键移动矩形到适当的位置，效果如图11-49所示。

图 11-49　胶片效果图

（38）下面先将用做动画的图片处理一下。选择"文件"→"批处理"命令，弹出"批次"对话框，按 Ctrl 键选取素材库中"热卖商品"文件夹中的所有图片。

（39）单击"继续"按钮，弹出"批处理"对话框，分别选择"导出"和"缩放"选项，单击"添加"按钮，将其添加至右侧的"在批处理中包含"列表框中，如图11-50所示。

图 11-50　"批处理"对话框

188

（40）在"在批处理中包含"列表框中选择"导出"选项，在下方"导出"选项组的"设置"下拉列表框中选择"GIF接近网页256色"选项。

（41）在"在批处理中包含"列表框中选择"缩放"选项，在下方的"缩放"下拉列表框中选择"缩放到大小"选项，弹出图像宽和高的参数选项，设置"宽"为70像素，"高"为80像素，单击"继续"按钮。

（42）在"保存文件"选项组的"批次输出"中选择"自定义位置"选项，单击"浏览"按钮弹出"选择图像文件"对话框，在素材库中新建"热卖商品导出"文件夹，单击"打开"按钮返回"批处理"对话框，单击"批次"按钮，系统自动批处理图片。

（43）处理完毕后出现"批处理正常完成"的提示，单击"确定"按钮返回文档。

（44）选择菜单"文件"→"导入"命令，从"热卖商品导出"文件夹中导入刚刚处理完的图片，放在图11-49所示的胶片上，并将其水平排列，如图11-51所示。

图11-51　导入图片

（45）选中胶片和所有图片，并将其组合在一起。选择菜单"修改"→"动画"→"选择动画"命令，弹出"动画"对话框，设置相应的参数，如图11-52所示。

图11-52　"动画"对话框

（46）单击"确定"按钮完成设置。

（47）选取动画，按下Ctrl＋X将其剪切。

（48）选取步骤（34）绘制的矩形，选择菜单"编辑"→"粘贴于内部"命令，创建矩形蒙板，显示热卖商品的动画，适当调整动画的位置，效果如图11-53所示。

热卖商品

图 11-53　蒙板

（49）单击"播放"按钮预览动画的效果。由于动画与切片的一些内容放在同一个状态上，所以播放动画时，切片也会随之翻滚。

（50）保存文件，文件命名为"主要内容"。

至此，主要内容部分制作完成。

5. 制作页脚部分

由于页脚部分的导航与页眉部分的导航相似，所以可以复制页眉部分的导航并进行相应的修改。

（1）打开文件"综合网页"，在"页面"面板中，新建一个页面，并将 "导航和弹出菜单"页面的内容复制过来，并将该页面重命名为页脚。

（2）删除导航条上的所有按钮。

（3）在导航条上，使用"文本"工具依次输入文本"首页"、"购物演示"、"联系我们"和"友情链接"，并设置字体为楷体，颜色为#000000，大小为 12，如图 11-54 所示。

（4）在导航条的下方，使用"文本"工具输入版权信息，设置字体为楷体，颜色为#FF00FF，大小为 16，如图 11-54 所示。

首　页　　　　购物演示　　　　联系我们　　　　友情链接

Copyright © 2009 彩色鲜花网 All Rights Reserved.

图 11-54　页脚

6. 制作网页整体

将前面制作的各个部分的元素整合起来，完成网站的首页。

（1）在"页面"面板中，新建一个页面，将该页面重命名为 index。

（2）在"层"面板中，单击"新建／重制层"按钮，新建一个层，将其重命名为公用元素层。这层主要用于放置网页的公用元素，包括 Logo、Banner、导航和弹出菜单、用户登录和页脚。

（3）选取公用元素层，将页面"网站标志"中的所有内容都复制过来，放在 index页面的左上角，并适当调整位置，如图 11-55 所示。

（4）选取公用元素层，选择菜单"文件"→"导入"命令，从素材库中导入图形文件"banner"，放置在页面的正上方，并适当调整大小和位置，如图 11-55 所示。

（5）选取公用元素层，将页面"导航和弹出菜单"中的所有内容都复制过来，放在 Logo 和 Banner 的下方，并适当调整位置，如图 11-55 所示。

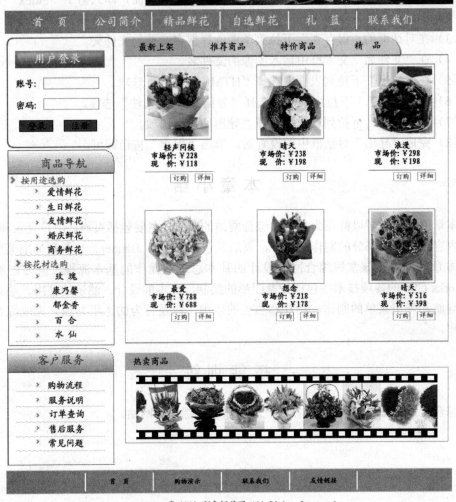

图 11-55　网页整体效果图

（6）选取公用元素层，将页面"用户登录和导航"中的所有内容都复制过来，放在导航和弹出菜单的左下方，并适当调整位置，如图 11-55 所示。

（7）选取公用元素层，将页面"页脚"中的所有内容都复制过来，放在页面的最下方，并适当调整位置，如图 11-55 所示。

（8）右击公用元素层，在弹出的菜单中选择"在状态中共享层"命令。

（9）在"层"面板中，选取层 1，选择菜单"文件"→"导入"命令，导入文件"主要内容"，放置在页面中间偏右的地方，以切片和热点为参照点适当调整其在各个状态中的位置，如图 11-55 所示。

（10）在 index 页面的状态 1 中，使用"切片"工具在热卖商品的动画上绘制一矩形切片。切片应覆盖住整个动画，否则在预览时不能正常播放。

（11）选中切片，在"优化"面板中的"导出文件格式"中选择"GIF 动画"。

7. 导出网页

（1）在"页面"面板中，删除公用元素所在的所有页面，即只留下"index"页面。

（2）单击"文件"菜单中的"导出"命令，打开"导出"对话框。

（3）在对话框的"保存在"下拉菜单中选择保存文件的文件夹。

（4）在"文件名"文本框中输入图像的文件名。

（5）在"导出"下拉列表框中选择"HTML 和图像"选项。

（6）在"HTML"下拉列表框中选择"导出 HTML 文件"选项。

（7）在"切片"下拉列表框中选择"导出切片"选项。

（8）完成"导出"对话框中的设置后，单击"保存"按钮即可。

本 章 小 结

本章主要讲解了以鲜花为主题的综合网站的制作，主要包括页眉、用户登录和导航、主要内容和页脚等部分的制作。其中，页眉又包括 Logo、Banner、导航和弹出菜单等。通过本章的学习应该掌握综合网站设计的基本思想和操作的基本流程，同时能够运用 Fireworks CS4 的各项技术（包括矢量图形的绘制、文本的设计、滤镜的使用、动画的制作、导航和弹出菜单的制作、切片和热点的运用，以及行为的运用）独立完成综合网站的制作。

技 能 训 练

综合运用 Fireworks CS4 的各项技术制作一个综合的网站。

参 考 文 献

[1] 胡崧. Fireworks CS3 标准教程. 北京：中国青年出版社，2008.

[2] 张斯予. 中文版 Fireworks 8 大师课堂全记录. 北京：中国宇航出版社，2006.

[3] 卢福子. Fireworks MX 2004 中文版精彩设计百例. 北京：中国水利水电出版社，2004.

参考文献

[1] ……Framework CSF……………………………中国物资出版社，2008.

[2] ……Framework……………………………………中国物资出版社，2006.

[3] ……Framework MK 2008……………………中国水利水电出版社，2004.